建筑施工特种作业人员安全技术培训教材

建筑起重信号司索工

《建筑施工特种作业人员安全技术培训教材》 编

中国环境出版集团·北京

图书在版编目（CIP）数据

建筑起重信号司索工 / 《建筑施工特种作业人员安全技术培训教材》编委会编. —北京：中国环境出版集团，2021.12
建筑施工特种作业人员安全技术培训教材
ISBN 978-7-5111-4956-5

Ⅰ. ①建… Ⅱ. ①建… Ⅲ. ①建筑机械－起重机械－信号－安全培训－教材 Ⅳ. ①TH210.8

中国版本图书馆 CIP 数据核字（2021）第 218388 号

出 版 人 武德凯
责任编辑 易 萌
责任校对 任 丽
封面设计 彭 杉

出版发行 中国环境出版集团
（100062 北京市东城区广渠门内大街 16 号）
网 址：http：//www.cesp.com.cn
电子邮箱：bjgl@cesp.com.cn
联系电话：010-67112765（编辑管理部）
010-67112739（第三分社）
发行热线：010-67125803，010-67113405（传真）
印 刷 北京中科印刷有限公司
经 销 各地新华书店
版 次 2021 年 12 月第 1 版
印 次 2021 年 12 月第 1 次印刷
开 本 850×1168 1/32
印 张 5.625
字 数 144 千字
定 价 22.00 元

《建筑施工特种作业人员安全技术培训教材》
编　委　会
（排名不分先后）

前　言

为了加强对建筑施工特种作业人员的管理，防止和减少生产安全事故的发生，提高建筑施工特种作业人员的安全操作技能和自我保护能力，加强建筑施工特种作业人员的安全技术考核培训工作，按照《中华人民共和国安全生产法》《建设工程安全生产管理条例》《安全生产许可证条例》《建筑起重机械安全监督管理规定》《危险性较大的分部分项工程安全管理规定》及其他相关法规的规定，依据《建筑施工特种作业人员管理规定》（建质〔2008〕75 号）文件对建筑施工特种作业人员在考核、发证、从业和监督管理工作的明确要求，我们组织多位专家编写了《建筑施工特种作业人员安全技术培训教材》。

本套教材针对建筑施工特种作业人员的岗位特点，依据《建筑施工特种作业人员培训教材编写大纲》的要求编写。内容深入浅出，通俗易懂，图文并茂，可操作性强，适用于塔式起重机司机、塔式起重机安装拆卸工、建筑起重信号司索工、施工升降机司机、施工升降机安装拆卸工、物料提升机司机、物料提升机安装拆卸工、建筑电工、建筑架子工、高处作业吊篮安装拆卸工的安全技术考核培训，并专门编写了《特种作业安全生产基本知识》作为通用教材，配套使用。

本书为《建筑施工特种作业人员安全技术培训教材》中的一本。全书共10章，内容包括力学基础知识，施工安全用电知识，机械传动，液压传动，起重机械的基本特性，物体重量与重心，起重吊点选择与物体绑扎吊装，吊装索具与吊具，建筑起重信号司索工作业与起重吊运指挥信号，塔式起重机事故案例分析。本书与《特种作业安全生产基本知识》配套使用。

本书既可作为建筑施工特种作业人员安全技术考核培训用书，也可作为建设单位、施工单位和建设类大中专院校的教学及辅导用书。

本书在编写过程中参考了大量的相关标准规范和文献资料，在此向给予我们极大帮助的专家学者表示最衷心的感谢！

限于编写时间仓促，书中不足之处在所难免，敬请同仁和读者批评指正。

目　录

专业基础篇

专业技术篇

专业基础篇

第一章　力学基础知识

第一节　力的概念

一、力的定义

力是一个物体对另一个物体的作用，这种作用使物体的运动状态发生改变或使物体发生形变。

二、力的三要素

力的三要素包括：力的大小、力的方向、力的作用点。

1. 力的大小

当外部力作用于物体时，由于力的大小不同，对物体产生的效果也不同。如推门，用的力比较小，则推不开；如果用较大的力，则能推开。说明力的作用效果与力的大小有关。在法定单位中，力的单位是牛［顿］（N）。

2. 力的方向

用大小相同的力，从不同方向作用于物体，对物体的状态或形态的改变也不同。如推门，向外用力，门被打开；向内用力，门被关闭。说明力的作用效果与力的方向有关。

3. 力的作用点

力对物体作用的位置，用大小、方向相同的力作用于物体的不同的部位，物体的运动状态或形态的改变也不同。同样是推门，在门柄处推门很容易推开，在门的最里侧推门却很难推开。说明力的作用效果与力的作用点有关。

力是矢量。我们用一个矢量来表示力的三个要素，如图 1-1 所示。矢量的长度（*AB*）表示力的大小；矢量的方向表示力的方向；矢量的始端（*A*）表示力的作用点。力的方向所沿的直线（图上的虚线）表示力的作用线。

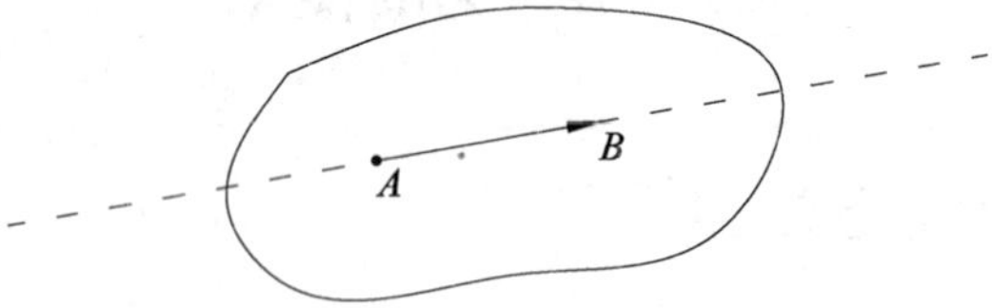

图 1-1　力的矢量图

第二节　力的合成与分解

一个力作用在物体上，它产生的效果与几个力共同作用的效果相同，这个力就叫作几个力的合力，而那几个力就叫作这个力的分力。求已知几个力的合力叫作力的合成，求一个已知力的分力叫作力的分解。

一、力的合成

1. 在同一直线上的作用力的合成

如果作用在同一直线上的几个力方向相同，其合力大小等于这几个力的大小之和，合力的方向与这几个力的方向相同，作用点仍在这一直线上。

如果作用在同一直线上的两个力方向相反，其合力的大小等于这两个力大小之差，合力的方向与较大的一个力的方向相同，作用点仍在这一直线上。

2. 同方向平行力的合成

如果两个力的方向相同，其合力的大小等于这个平行力的大小之和，合力的方向与这两个平行力方向相同，合力的作用点在这两个平行力作用点的连线上，并且当两平行力的大小相等时，则合力的作用点在这两平行力作用点连线的中间；当两平行力大小不相等时，则合力作用点距这两平行力的作用点的距离，与这两平行力的大小成反比。

3. 作用于一点且互成角度的力的合成

对于这个问题我们可以通过实验来研究：我们可以如图 1-2（a）那样，用两根绳子把重物 G 悬挂起来。也可以如图 1-2（b）那样，用一根绳子把重物 G 悬挂起来。显然，两根绳子对重物的拉力 F_1、F_2 与一根绳子对重物的拉力 F 的作用效果相同，所以 F_1、F_2 是 F 的分力，F 是 F_1、F_2 的合力，那么，合力 F 的大小和方向跟分力 F_1、F_2 的大小和方向之间有什么关系呢？

用点 O 代表重物 G，分别画出代表分力 F_1、F_2 和合力 F 的线段 OA、OB 和 OC，作 F_1、F_2 和 F 的端点的连线 AC 和 BC。我们发现，四边形 $OACB$ 是一个平行四边形，代表合力 F 的有向线段 OC 就是平行四边形的对角线，如图 1-2（c）所示。改变 F_1、F_2 的方向和大小，发现合力总是以分力为邻边的平行四边形的对角线。

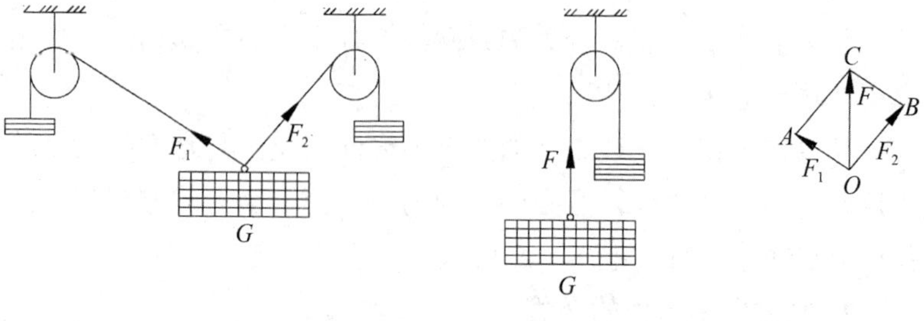

（a）　（b）　（c）

图 1-2　力的合成

由此可见，求两个互成角度的力的合力可以用表示这两个力的线段作邻边，作平行四边形，它们的对角线就表示合力的大小和方向，这叫作力的平行四边形规则。

求两个以上力的合力时，可以先求出任意两个力的合力，再求出这个合力与第三个力的合力，依此类推，直到求出所有力的合力。

二、力的分解

两个共点力，可以合成一个合力，解答是唯一的。可是反过来，要把一个已知力分解为两个力，如无足够的条件限制，其解答将是不确定的。在力的平行四边形规则中，每个力都包含有大小和方向两个要素，在已知合力大小和方向的条件下，必须规定另外两个条件，如规定两个分力的方向或两个分力的大小；或一个分力的大小和方向；或一个分力的大小和另一个分力的方向等。

如图 1-3 所示，已知合力 R 和两个分力的方向，求分力 F_1、F_2 的大小。

可通过已知合力 R 作用点 A 沿分力的方向（或合力与分力夹角）分别作直线 A-I、A-II，再经过已知合力 R 的终点 C 作两个

分力 F_1、F_2 作用线的平行线，与 A-Ⅰ、A-Ⅱ直线交于 B、D 两点，得平行四边形 $ABCD$，其两邻边 AB、AD 就是要求的两个分力 F_1、F_2，分力的大小可用比例尺量出。

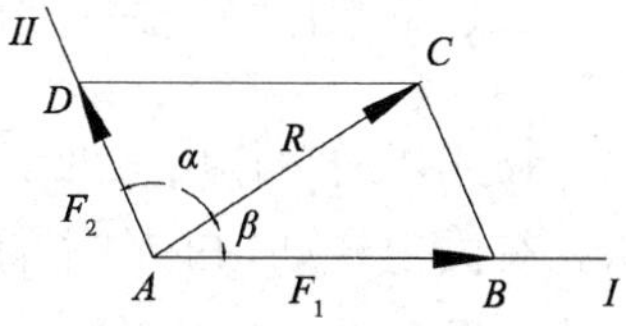

图 1-3　力的分解图

第三节　力矩与力矩平衡

一、力矩的概念

力的作用可以改变物体的运动状态，或使物体发生变形，力还可以使物体发生转动。力使物体转动的效果，不仅与力的大小有关，还与转动轴心到力的作用线的距离（即力臂）有关。物体转动的效果与力的大小、力臂长短成正比。

力与力臂的乘积称为力矩，若力为 F，力臂为 L，则力矩 $M=FL$，力矩的法定单位为牛顿·米，符号为“N·m”，中文符号为“牛·米”，如图 1-4 所示。

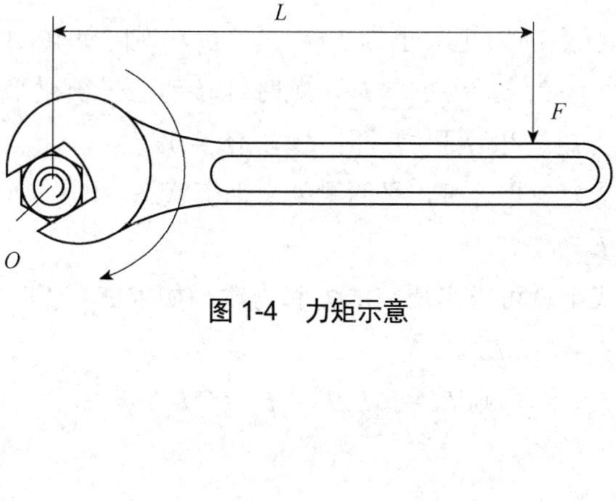

图 1-4　力矩示意

二、在力矩作用下的平衡与不平衡

物体在力矩作用下处于静止或匀速转动的状态，叫作平衡状态。有固定转动轴的物体的平衡条件是力矩的代数和等于 0，即物体向顺时针方向转动的力矩之和等于使物体向逆时针方向转动的力矩之和。

我们在日常生活中会接触到许多力矩平衡与不平衡的问题，如平衡梁、杆秤等，平衡梁在力矩作用下的平衡和不平衡的示意如图 1-5 所示。

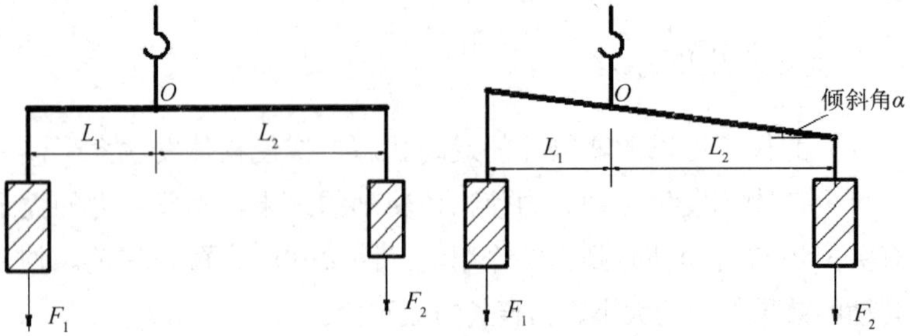

（a）平衡梁在力矩作用下的平衡　（b）平衡梁在力矩作用下的不平衡

图 1-5　平衡梁在力矩作用下示意

（一）力矩的平衡

F_1 绕 O 点的力矩大小为 $M_1=F_1\times L_1$，逆时针转动；F_2 绕 O 点的力矩大小为 $M_2=-F_2\times L_2$，顺时针转动；平衡梁平衡的条件是 O 点的力矩之和等于 0。即：$M_1+M_2=0$。

当两个力矩相等时，平衡梁处于平衡状态。即：$M_1=M_2$，或 $F_1L_1=-F_2L_2$。

从上式中就可求出所需的力和力臂，如求 F_1、F_2，则：$F_1=F_2L_2/L_1$；$F_2=F_1L_1/L_2$。

如求 L_1、L_2，则 $L_1=F_2L_2/F_1$；$L_2=F_1L_1/F_2$。

（二）力矩的不平衡

F_1绕O点的力矩大小为$M_1=F_1\times L_1$，逆时针转动；F_2绕O点的力矩大小为$M_2=-F_2\times L_2$，顺时针转动；当$F_1=F_2$，$L_2>L_1$时，则$F_2L_2>F_1L_1$。平衡梁处于不平衡状态，并向顺时针转动。

当两个力矩不相等时（任意改变其中一个力或力臂的大小），物体处于不平衡状态，就会发生倾斜。

第二章　施工安全用电知识

建筑施工现场临时用电作业，应符合《施工现场临时用电安全技术规范》（JGJ 46—2005）的有关规定。

第一节　电工及用电人员

（1）电工必须经过国家现行标准考核合格后，持证上岗工作；其他用电人员必须通过相关的安全教育培训和技术交底，考核合格后，持证上岗。

（2）安装、巡检、维修或拆除临时用电设备和线路，必须由电工完成，并应有人监护。电工等级应与工程的难易程度和技术复杂性相匹配。

（3）各类用电人员应掌握安全用电基本知识和所用设备的性能，并应符合以下规定：

1）使用电气设备前必须按规定穿戴和配备好相应的劳动防护用品，并应检查电气装置和保护设施，严禁设备带“缺陷”运转；

2）保管和维护所用设备，发现问题及时报告解决；

3）暂时停用设备的开关箱必须切断电源隔离开关，并应关门上锁；

4）移动电气设备时，必须经电工切断电源并做妥善处理后再进行。

第二节　外电线路及电气设备防护

（1）在建工程不得在外电架空线路正下方施工、搭设作业棚、建造生活设施或堆放构件、架具、材料及其他杂物等。

（2）起重机严禁越过无防护设施的外电架空线路作业。在外电架空线路附近吊装时，起重机的任何部位或被吊物边缘在最大偏斜时与架空线路边线的最小安全距离应符合表 2-1 的规定。

表 2-1　起重机与架空线路边线的最小安全距离

安全距离/m \ 电压/kV	<1	10	35	110	220	330	500
沿垂直方向	1.5	3.0	4.0	5.0	6.0	7.0	8.5
沿水平方向	1.5	2.0	3.5	4.0	6.0	7.0	8.5

（3）电气设备现场周围不得存放易燃易爆物、污染源和腐蚀介质，否则应予以清除或做防护处置，其防护等级必须与环境条件相适应。

（4）电气设备设置场所应能避免物体打击和机械损伤，否则应做防护处置。

第三节 接地与防雷

一、一般规定

（1）在施工现场专用变压器的 TN-S 接零保护系统中，电气设备的金属外壳必须与保护零线连接。保护零线应从工作接地线、配电室（总配电箱）电源侧零线或总漏电保护器电源侧零线处引出，如图 2-1 所示。

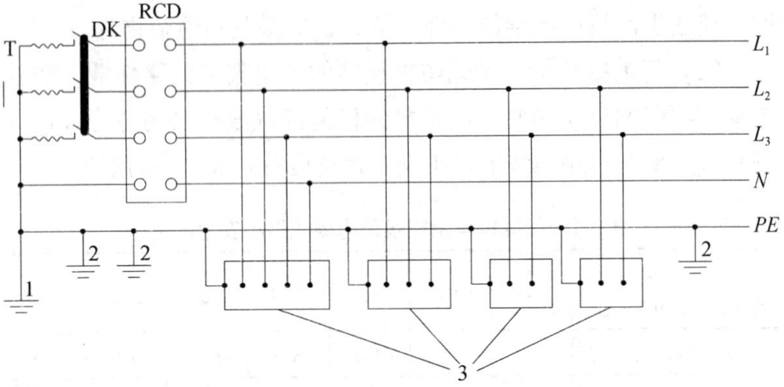

1—工作接地线；2—PE 线重复接地；3—电气设备金属外壳（正常不带电的外露可导电部分）；L_1、L_2、L_3—相线；N—工作零线；PE—保护零线；DK—总电源隔离开关；RCD—总漏电保护器（兼有短路、过载、漏电保护功能的漏电断路器）；T—变压器。

图 2-1　TN-S 接零保护系统

（2）当施工现场与外电线路共用同一供电系统时，电气设备的接地、接零保护应与原系统保持一致。不得一部分设备做保护接零，另一部分设备做保护接地。

采用 TN-S 系统做接零保护时，工作零线（N）必须通过总漏电保护器，保护零线（*PE*）必须由电源进线零线重复接地处或总漏电保护器电源侧零线处，引出形成局部 TN-S 接零保护系统，如图 2-2 所示。

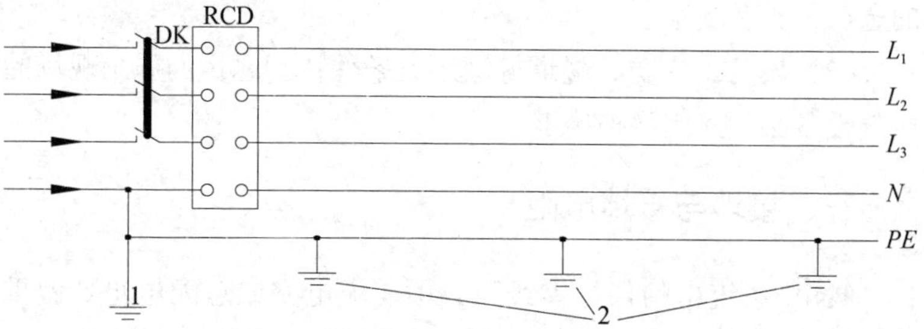

1—NPE 线重复接地；2—*PE* 线重复接地；L_1、L_2、L_3—相线；*N*—工作零线；*PE*—保护零线；DK—总电源隔离开关；RCD—总漏电保护器（兼有短路、过载、漏电保护功能的漏电断路器）。

图 2-2 TN-S 接零保护系统保护零线引出

（3）保护零线必须采用绝缘导线。

（4）*PE* 线上严禁装设开关或熔断器，严禁通过工作电流，且严禁断线。

二、保护接零

（1）在 TN-S 系统中，下列电气设备不带电的外露可导电部分应做保护接零：

1）电机、变压器、电器、照明器具、手持式电动工具的金属外壳；

2）电气设备传动装置的金属部件；

3）配电柜与控制柜的金属框架；

4）配电装置的金属箱体、框架及靠近带电部分的金属围栏和金属门；

5）电力线路的金属保护管、敷线的钢索、起重机的底座和轨道、滑升模板金属操作平台等；

6）安装在电力线路杆（塔）上的开关、电容器等电气装置的金属外壳及支架。

（2）城防、人防、隧道等潮湿或条件特别恶劣的施工现场的电气设备必须采用保护接零。

三、接地与接地电阻

TN-S 系统中的保护零线除必须在配电室或总配电箱处做重复接地外，还必须在配电系统的中间处和末端处做重复接地。

在 TN-S 系统中，保护零线每一处重复接地装置的接地电阻值不应大于 10 Ω，在工作接地电阻值允许达到 10 Ω 的电力系统中，所有重复接地的等效电阻值不应大于 10 Ω。

四、防雷

（1）施工现场内的起重机、井字架、龙门架等机械设备，以及钢脚手架和正在施工的在建工程等的金属结构，当在相邻建筑物、构筑物等设施的防雷装置接闪器的保护范围以外时，应按规定安装防雷装置。

当最高机械设备上避雷针（接闪器）的保护范围能覆盖其他设备，且最后退出现场，则其他设备可不安装防雷装置。

（2）机械设备或设施的防雷引下线可利用该设备或设施的金属结构体，但应保证电气连接。

第四节　配电箱及开关箱设置

（1）配电系统应设置配电柜或总配电箱、分配电箱、开关箱，实行三级配电。

（2）总配电箱以下可设若干分配电箱；分配电箱以下可设若干开关箱。

总配电箱应设在靠近电源的区域，分配电箱应设在用电设备或负荷相对集中的区域，分配电箱与开关箱的距离不得超过30 m，开关箱与其控制的固定式用电设备的水平距离不宜超过3 m。

（3）每台用电设备必须有各自专用的开关箱，严禁用同一个开关箱直接控制2台及2台以上用电设备（含插座）。

（4）动力配电箱与照明配电箱宜分别设置。当合并设置为同一配电箱时，动力和照明应分路配电；动力开关箱与照明开关箱必须分设。

（5）配电箱、开关箱应装设在干燥、通风及常温场所，不得装设在有严重损伤作用的瓦斯、烟气、潮气及其他有害介质中，也不得装设在易受外来固体物撞击、强烈振动、液体浸溅及热源烘烤场所。否则，应予以清除或做防护处理。

（6）配电箱、开关箱周围应有足够两人同时工作的空间和通道，不得堆放任何妨碍操作、维修的物品，不得有灌木、杂草。

（7）配电箱、开关箱应装设端正、牢固。固定式配电箱、开关箱的中心点与地面的垂直距离应为1.4～1.6 m。移动式配电箱、开关箱应装设在坚固、稳定的支架上。其中心点与地面的垂直距离宜为0.8～1.6 m。

（8）配电箱、开关箱内的电器（含插座）应先安装在金属或非木质阻燃绝缘电器安装板上，然后方可整体紧固在配电箱、开关箱箱体内。金属电器安装板与金属箱体应做电气连接。

（9）配电箱、开关箱内的电器（含插座）应按其规定位置紧固在电器安装板上，不得歪斜和松动。

（10）配电箱、开关箱内的电器必须可靠、完好，严禁使用破损、不合格的电器。

（11）配电箱、开关箱外形结构应能防雨、防尘。

第五节 配电箱及开关箱操作

（1）配电箱、开关箱必须按照以下顺序操作：

1）送电操作顺序：总配电箱⟶分配电箱⟶开关箱；

2）停电操作顺序：开关箱⟶分配电箱⟶总配电箱。

如果出现电气故障的紧急情况可除外。

（2）施工现场停止作业1 h以上时，应将动力开关箱断电上锁。

（3）配电箱、开关箱内不得放置任何杂物，并应保持整洁。

（4）配电箱、开关箱内不得随意挂接其他用电设备。

（5）配电箱、开关箱内的电器配置和接线严禁随意改动。

熔断器的熔体更换时，严禁采用不符合原规格的熔体代替。漏电保护器每天使用前应启动漏电试验按钮试跳一次，试跳不正常时严禁继续使用。

第三章　机械传动

任何一种机械，都是由工作装置、动力装置、传动装置和辅助装置组成的。其中传动装置可分为机械传动、液压传动和电气传动。本章主要介绍机械传动。

机械传动能进行能量的分配，改变运动的状态和运动的速度。机械传动常有齿轮传动、蜗轮蜗杆传动、带传动、链传动。

第一节　齿轮传动与蜗轮蜗杆传动

一、齿轮传动

齿轮传动在建筑机械中应用的比较广泛，它是利用齿轮间齿与齿的压力来传动的，两个齿轮互相配合在一起工作，称为齿轮的啮合。齿轮传动属刚性传动。

1. 对齿轮传动的基本要求

（1）传动要平稳：要求齿轮在传动过程中，任何瞬时的传动比都应保持恒定不变，以保持传动的平稳性，避免或减少传动中的噪声、冲击和振动。

（2）承载能力强：要求齿轮的尺寸小，重量轻，而承受载荷的能力大，即要求强度高，耐磨性好，寿命长。

2. 齿轮传动的分类

齿轮传动的类型很多，各种齿轮形状不同，最常见的齿轮传动有圆柱形齿轮传动、圆锥形齿轮传动等。

3. 齿轮的传动比

主动齿轮与从动齿轮的转速（角速度）之比，或从动齿轮齿数与主动齿轮的齿数之比，称为齿传动的传动比。表示方法：

$$i=n_1/n_2=z_2/z_1 \tag{3-1}$$

式中，i——齿轮的传动比；

n_1——主动齿轮的转速；

n_2——从动齿轮的转速；

z_1——主动齿轮的齿数；

z_2——从动齿轮的齿数。

4. 齿轮的失效

齿轮传动在载荷的作用下，发生齿折断、齿面损坏等现象，齿轮就失去了正常的工作能力，称为齿轮的失效。它的失效形式有齿面点蚀、齿面磨损、齿面胶合、齿折断、齿塑性变形。

5. 齿轮传动实例

图 3-1 是起重机常用的一种起升机构的示意图，图中齿轮组就是齿轮传动。电动机 1 通过联轴器 2，制动器 3、齿轮 4 驱动卷筒 5 旋转，钢丝绳 6 的一端固结到卷筒上，另一端穿过导向滑轮 7、定滑轮 8、动滑轮 9 固定到机架（或起重臂）上，定滑轮 8 及动滑轮 9 组成为一个滑轮组，用以减少钢丝绳上的拉力，并降低吊钩的运动速度，吊钩 10 通过夹套与动滑轮 9 相连，用于起吊重物。制动器可使被吊起的重物随时减速或停止，以适应起重需要和保证安全。

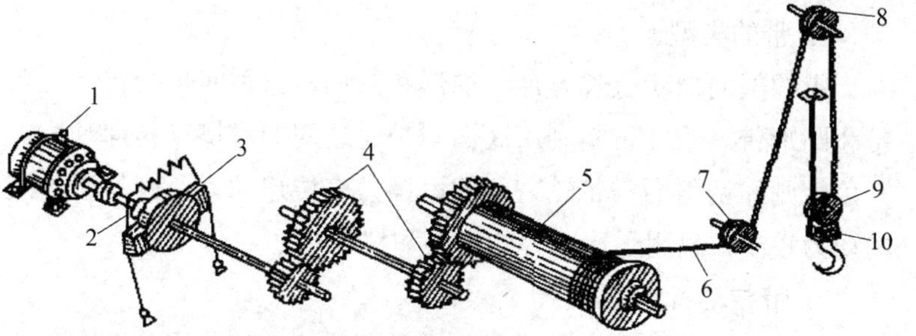

1—电动机；2—联轴器；3—制动器；4—齿轮；5—卷筒；6—钢丝绳；
7—导向滑轮；8—定滑轮；9—动滑轮；10—吊钩。

图 3-1　起升机构

二、蜗轮蜗杆传动

蜗轮蜗杆传动用于两轴交叉成 90°的传动。这种传动蜗轮通常为从动件，而蜗杆为主动件。

蜗轮蜗杆传动的传动比：

$$i=n_1/n_2=z_2/z_1 \tag{3-2}$$

式中，i——蜗轮蜗杆传动的传动比；

n_1——蜗杆的转速；

n_2——蜗轮的转速；

z_1——蜗杆的头数；

z_2——蜗轮的齿数。

第二节　带传动与链传动

一、带传动

带传动是用带做中间挠性件而靠摩擦力工作的一种传动。

1. 带的类型

带的剖面形状有长方形、梯形和圆形，分别叫平行带、三角带和圆形带。平行带是利用底面与带轮之间的摩擦来传递动力；三角带则靠两斜面与带轮之间的摩擦力来传递动力；圆形带传递的动力较小，只用于小功率的机器和仪器。

2. 带传动特点

（1）在带传动中，由于传动带长期受拉力的作用，会产生永久变形，使带的长度增加，因而造成张紧能力减小，张紧变为松弛和传动能力降低。为了保持带在传动中的能力，带传动通常有张紧装置。常用的张紧方法有调整中心距、使用张紧轮。

（2）带与带轮接触的弧长所对应的中心角称为带轮的包角。包角越大，接触的弧长就越长，接触面之间所产生的摩擦力总和就越大。一般使用时包角$\alpha \geqslant 120°$，从而能保证传动。

（3）带传动具有过载保护功能。

二、链传动

1. 链传动的类型

链传动是以链条为中间传动件的啮合传动，如图 3-2 所示。链传动由主动链轮、从动链轮和绕在链轮上并与链轮啮合的链条组成。

按照用途不同，链可分为起重链、牵引链和传动链三大类。起重链主要用于起重机械中提起重物，通常工作速度 $v \leqslant 0.25$ m/s；牵引链主要用于链式输送机中移动重物，通常工作速度 $v \leqslant 4$ m/s；传动链用于一般机械中传递运动和动力，通常工作速度 $v \leqslant 15$ m/s。

传动链有齿形链和滚子链两种。齿形链是利用特定齿形的链片和链轮相啮合来实现传动的，如图 3-3 所示。齿形链传动平稳，噪声很小。齿形链的工作速度可达 40 m/s，但制造成本高，重量大，故多用于高速或运动精度要求较高的场合。

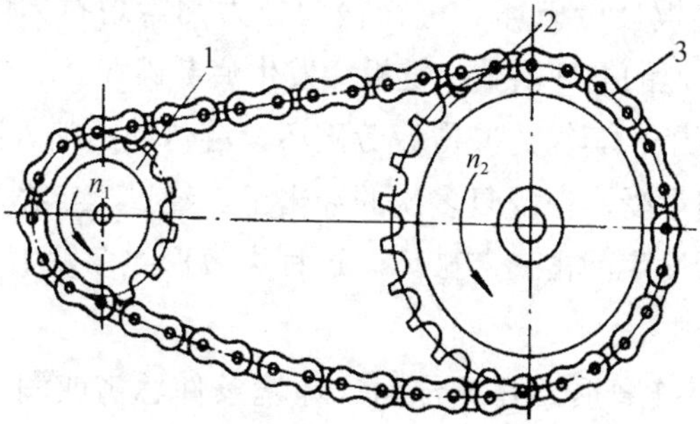

1—主动链轮；2—从动链轮；3—链条。

图 3-2　链传动

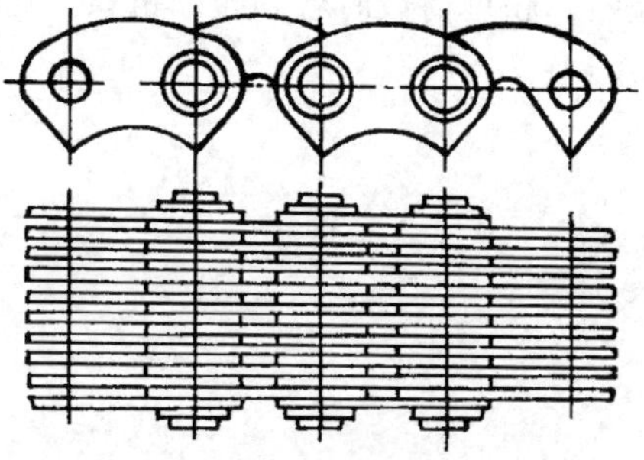

图 3-3　齿形链

2. 链传动的特点

（1）与带传动相比，链传动能保持平均传动比不变；传动效率高；张紧力小，作用在轴上的压力较小；能在低速重载和高温及尘土飞扬的不良环境中工作。

（2）与齿轮传动相比，链传动可用于中心距较大的场合，且制造精度较低。

（3）链传动只能传递平行轴之间的同向运动，不能保持恒定的瞬时传动比，运动平稳性差，工作时噪声较大。

3. 链传动的失效形式

（1）链板疲劳破坏。链在松边拉力和紧边拉力的反复作用下，经过一定的循环次数，链板会发生疲劳破坏。

（2）滚子、套筒的冲击疲劳破坏。链传动的啮入冲击首先由滚子和套筒承受，在反复多次的冲击下，经过一定循环次数，滚子、套筒会发生冲击疲劳破坏。这种失效形式多发生于中、高速闭式链传动中。

（3）铰链磨损。开式传动、环境条件恶劣或润滑密封不良时，容易引起铰链磨损，从而急剧降低链条的使用寿命。铰链磨损后链节变长，容易引起跳齿或脱链。

（4）过载拉断。超过荷载时容易拉断链条，这种拉断常发生于低速重载的传动中。

第四章　液压传动

第一节　液压传动工作原理

加在密闭液体任一部分的压强，必然按其原来的大小由液体向各个方向传递，这就是帕斯卡定律。

在帕斯卡定律中，压强和作用力之间有重要的关系：

$$P=F/A \tag{4-1}$$

或

$$F=P\cdot A \tag{4-2}$$

式中，F——作用力；

P——压强；

A——面积。

下面就用一个简单的液压装置来说明液压传动的工作原理。

如图 4-1 所示，A_1、A_2为两个直径不同的液压缸，底部用管道连接，缸内充满液体。设液压缸 A_1 中的活塞面积 $A_1=10\ \text{cm}^2$，液压缸 A_2 中的活塞面积 $A_2=100\ \text{cm}^2$。当在液压缸 A_1 的活塞上加力 $F_1=10\ \text{kN}$ 时，液压缸 A_1 中的液体单位面积压强为 $F_1/A_1=1\ \text{kN/cm}^2$。

根据帕斯卡定律，液压缸 A_2 中的活塞上也受到 $1\ \text{kN/cm}^2$ 的压强，即 $F_1/A_1=F_2/A_2$，这样液压缸 A_2 中的活塞上会产生 100 kN 的向上推力 F_2。由这个例子可以看出，加在液压缸 A_1 活塞上的力，由于密闭在两个连通液压缸中的液体的作用，被传递到液压缸 A_2 的活塞上，并且这个力得到了放大，这就是液压传动的工作原理。

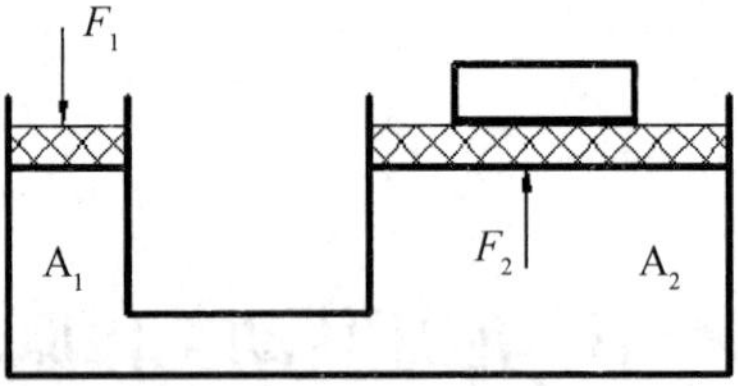

图 4-1　液压传动工作原理

有一点需要说明，如果液压缸 A_2 的活塞上没有负载，那么在液压缸 A_1 的活塞上也无法施加 10 kN 的外力。液压传动中一条很重要的原理：液压系统的压力取决于外部负载。

第二节　液压传动及应用实例

一、液压传动的主要优点

（1）易于大幅度减速，从而可获得较大的力和扭矩，并能实现较大范围的无级变速，使整个传动简化。

（2）易于实现直线往复运动，以直接驱动工作装置，并且各液压元件间可用管路连接，安装位置自由度大，便于机械的总体布置。

（3）易于实现快速而无冲击的变速与换向，可减少变速时的功率损失。

（4）易于实现过载保护，使零部件不因超负荷而损坏。

（5）易于操作和省力，可提高机械生产率和作业质量。

（6）易于实现各液压元件自行润滑，简化了机械的维护保养，有利于延长元件的使用寿命。

（7）易于实现标准化、系列化、通用化，便于组织专业性大批量生产，可提高生产率、提高产品质量、降低成本。

（8）易于与电、气配合，可设计出性能好、自动化程度高的传动及控制系统。

二、液压传动的主要缺点

（1）液压油的泄漏难以避免，外漏会污染环境并造成液压油的浪费，内漏会降低传动的效率，并影响传动的平稳性和准确性。

（2）液压油的黏度会随温度的变化而变化，从而影响传动机构的工作性能，因此在低温及高温条件下，均不宜采用液压传动。

（3）液体流动中压力损失大，不适用于远距离传动。

（4）零件加工质量要求高，液压元件成本较高。

三、液压传动实例

液压传动实例一

液压千斤顶是一个简单的液压传动实例。

图 4-2 是液压千斤顶结构与原理。液压千斤顶的小油缸 1、大油缸 2、油箱 6 以及它们之间的连接通道构成一个密闭的容器，里面充满着液压油。在泄油阀 5 关闭的情况下，当提起手柄时，小油缸 1 的柱塞上移使其工作容积增大形成真空，油箱 6 里

的油便在大气压作用下通过滤油器 7 和单向阀 3 进入小油缸。当压下手柄时，小油缸 1 的柱塞下移，挤压其下腔的油液，这部分压力油便顶开单向阀 4 进入大油缸 2，推动大柱塞从而顶起重物。再提起手柄时，大油缸内的压力油将力图倒流入小油缸，此时单向阀 4 自动关闭，使油不致倒流，这就保证了重物不致自动落下，压下手柄时，单向阀 3 自动关闭，使液压油不倒流入油箱，而只能进入大油缸以将重物顶起。这样，当手柄被反复提起和压下时，小油缸 1 不断交替进行吸油和排油过程，压力油不断进入大油缸 2，将重物一点点顶起。当需要放下重物时，打开泄油阀 5，大油缸 2 的柱塞在重物作用下下移，将大油缸 2 中的油液挤回油箱 6。

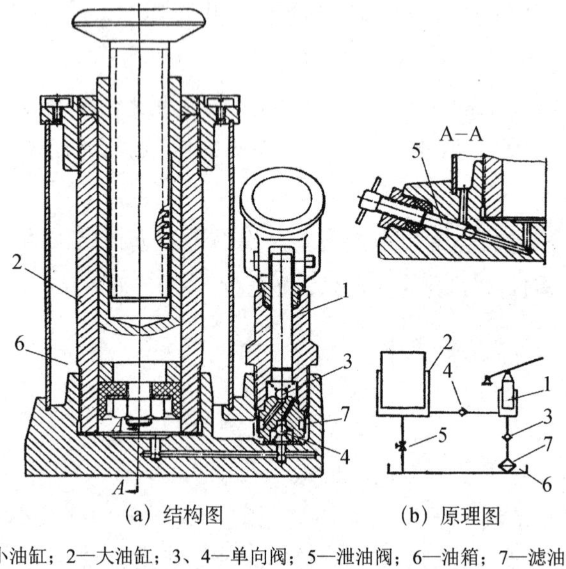

(a) 结构图　　(b) 原理图

1—小油缸；2—大油缸；3、4—单向阀；5—泄油阀；6—油箱；7—滤油器。

图 4-2　液压千斤顶结构与原理

液压千斤顶工作需要满足 2 个条件：一是处于密闭容器内的

液体由于大油缸、小油缸工作容积的变化而能够流动；二是这些液体具有压力。能流动并具有一定压力的液体能做功，我们说它有压力能。液压千斤顶就是利用油液的压力能将手柄上的力和手柄的移动转变为顶起重物的力和重物在此力作用下的升起。小油缸 1 的作用是将手动的机械能转换为油液的压力能，大油缸 2 则是将油液的压力能转换为顶起重物的机械能。

液压传动实例二

在上回转自升塔式起重机上，利用液压系统将塔式起重机上部顶起或降下，从而引入或引出塔身标准节，实现塔式起重机的升节或降节，图 4-3 是塔式起重机液压顶升系统。

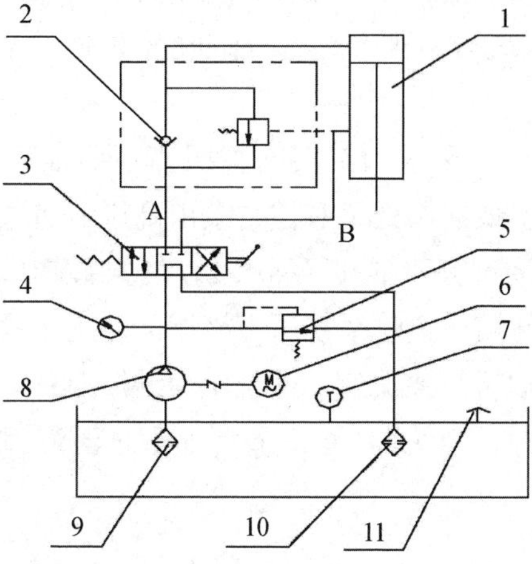

1—顶升油缸；2—平衡阀；3—手动换向阀；4—压力表；5—溢流阀；6—电动机；7—液位液温计；8—液压泵；9—吸油滤油器；10—回油滤油器；11—空气滤清器。

图 4-3　塔式起重机液压顶升系统

以塔式起重机顶升过程为例分析塔式起重机液压顶升系统的工作原理。首先启动电动机 6，电动机 6 通过联轴器驱动液压泵 8，油箱中的液压油经过吸油滤油器 9 被液压泵 8 吸入泵体内并通过加压向系统供给。此时的手动换向阀 3 处在初始的中位状态，泵出的液压油无需经过溢流阀 5，而直接通过换向阀内部中位油路和回油滤油器 10 返回油箱，系统处于泄荷状态。通过压力表 4 我们可以看到，处于泄荷状态时系统的压力为 0。

当顶升开始时，手动换向阀 3 手柄向后拉，换向阀阀芯右移，换向阀处于左位状态，泵出高压油通过换向阀进入平衡阀 2，再而进入油缸 A 腔（无杆腔），此时油缸活塞杆徐徐伸出，处于油缸 B 腔（有杆腔）中的液压油通过手动换向阀 3 直接返回油箱。因为顶升状态时，系统油缸承受塔机上部的重力负荷，通过压力表 4，我们可以观测到系统压力为系统的工作压力。当油缸完全伸出后，油缸活塞被顶死，系统压力继续上升，达到溢流阀 5 调定压力（系统最高压力）。泵出的液压油通过系统溢流阀 5 溢流，返回油箱。

顶升完毕后，要求油缸活塞杆回缩，前推手动换向阀 3 手柄，阀芯左移，换向阀处于右位，泵出高压油通过换向阀进入油缸 B 腔，同时通过旁路推开平衡阀 2，使 A 腔形成回油油路，油缸活塞杆徐徐回缩，此时系统压力接近平衡阀 2 的开启压力。当完全回缩后油缸活塞被顶死，系统压力继续上升达到溢流阀 5 调定压力（系统最高压力）。泵出液压油通过溢流阀 5 溢流，返回油箱。

专业技术篇

第五章　起重机械的基本特性

第一节　起重机械的基本类型

起重机械按主要用途和构造特征可分为以下几种基本类型，如图 5-1 所示。

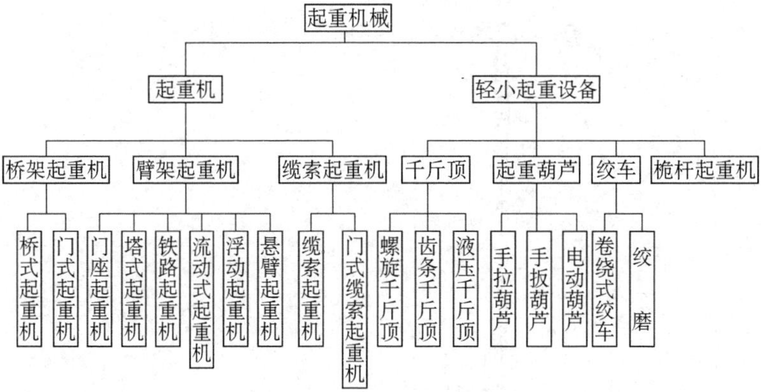

图 5-1　起重机械的基本类型

在建筑工程施工中，塔式起重机是重要的垂直和水平运输机械。作为建筑起重信号司索工，很有必要了解塔式起重机的分类、基本机构及主要安全保护装置、技术参数和起重特性。

第二节 塔式起重机的分类

一、塔式起重机的主要部件

塔式起重机是一种塔身竖立，起重臂安装在塔身顶部并可回转的臂架起重机。上回转自升塔式起重机主要部件有底架、塔身标准节、顶升套架、顶升油缸及液压泵、回转机构、回转塔身、平衡臂、平衡重、起升机构、平衡臂拉杆、起重钢丝绳、电控箱、塔帽、变幅机构、起重臂拉杆、起重臂、吊钩、驾驶室等，如图 5-2 所示。

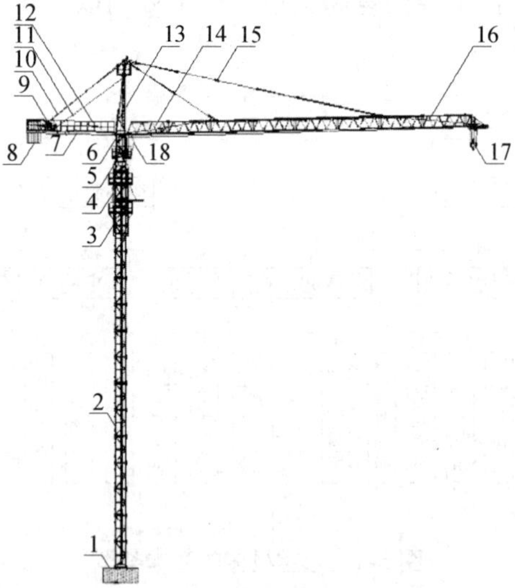

1—底架；2—塔身标准节；3—顶升套架；4—顶升油缸及液压泵；5—回转机构；6—回转塔身；7—平衡臂；8—平衡重；9—起升机构；10—平衡臂拉杆；11—起重钢丝绳；12—电控箱；13—塔帽；14—变幅机构；15—起重臂拉杆；16—起重臂；17—吊钩；18—驾驶室。

图 5-2 上回转自升塔式起重机主要部件

二、塔式起重机分类

根据《土方机械　产品型号编制方法》（JB/T 9725—2014）的相关规定，塔式起重机的分类方法见表 5-1。

表 5-1　塔式起重机的分类方法

类	组		型号		特性	产品		主参数	
名称	名称	代号	名称	代号	代号	名称	代号	名称	单位表示法
工程起重机械	塔式起重机	QT（起塔）	轨道式	—	—	上回转塔式起重机	QT	额定起重力矩	kN•m×10^{-1}
					Z（自）	上回转自升塔式起重机	QTZ		
					A（下）	下回转塔式起重机	QTA		
					K（快）	快装塔式起重机	QTK		
			固定式	G（固）	—	固定式塔式起重机	QTG		
			内爬式	P（爬）	—	爬升塔式起重机	QTP	最大额定总起重量	t
			汽车式	Q（汽）	—	汽车塔式起重机	QTQ		
			轮胎式	L（轮）	—	轮胎塔式起重机	QTL		
			履带式	U（履）	—	履带塔式起重机	QTU		
			组合式	H（合）	—	组合塔式起重机	QTH		

型号编制方法：

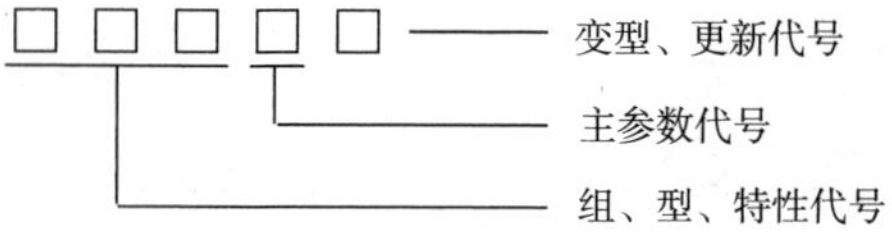

标记示例：公称起重力矩为 800 kN·m 的上回转自升塔式起重机标记为：QTZ80。

还有另外一种比较常用的标记方式：现在有些塔式起重机厂家，根据国外某国家标准，用塔式起重机最大起重臂长（m）与起重臂端（最大幅度）处所能吊起的额定重量（kN）两个主参数作为塔式起重机型号的标记，这种标记能直观反映塔式起重机起吊的性能。

型号编制方法：

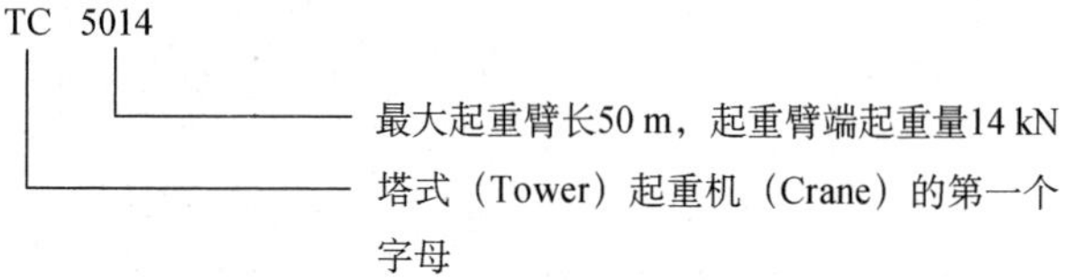

标记示例：某 QTZ80 塔式起重机，它的另外一种标记为 TZ5014，其含义是：上回转自升塔式起重机，最大起重臂长 50 m，起重臂端起重量 14 kN（1.4 t）。

（一）按照回转装置装设的位置分类

按照回转装置装设的位置，可分为上回转塔式起重机和下回转塔式起重机两类。

1. 上回转塔式起重机

上回转塔式起重机的回转支承装设在塔机的上部，其特点是塔身不转动，在回转部分与塔身之间装有回转支承装置，这种装置既将上、下两部分连为一体，又允许上、下两部分相对回转。

图 5-3 为上回转塔式起重机。塔身顶部连同起重臂等能相对塔身并绕其轴线进行回转，塔顶用轴承式回转支承与塔身连接，塔顶端部用拉杆连接起重臂和平衡臂，此种构造形式多用在上回转自升塔式起重机上，是目前高层建筑工地经常使用的机型。

图 5-3　上回转塔式起重机

2. 下回转塔式起重机

下回转塔式起重机是指回转部分装在塔式起重机的下部，起重臂装在塔身顶部，塔身、平衡重等装在回转机构上，并与回转机构一起回转的塔式起重机，如图 5-4 所示。这种塔式起重机重心低、稳定性好，最大的优点是因平衡重放在下部，能做到自行架设、整体搬运。

图 5-4　下回转塔式起重机

（二）按照有无行走机构分类

按照塔式起重机有无行走机构，可分为移动式塔式起重机和固定式塔式起重机两种。

1. 移动式塔式起重机

移动式塔式起重机是指具有行走装置，可以行走的塔式起重机，最为常见的移动式塔式起重机的形式是轨道式，如图 5-5 所示。

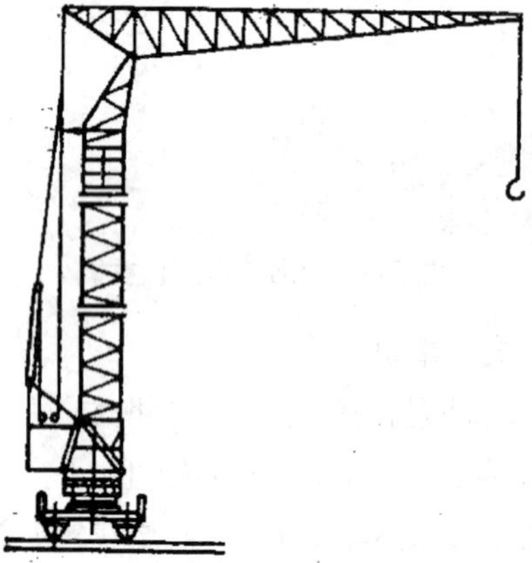

图 5-5　移动式（轨道式）塔式起重机

轨道式塔式起重机是指在轨道上运行的塔式起重机，它用刚性车轮把塔式起重机支承在轨道上，轨道铺设在碎石与枕木上。塔式起重机可在较长的一个区域范围内进行水平行走，也可转弯行走，并可带载行走，适应性强。

2. 固定式塔式起重机

固定式塔式起重机是指将塔身固定在地基或结构上进行起重作业的塔式起重机。由于没有运行机构，因此塔式起重机塔身不能移动，其中以自升塔式起重机最为典型，所谓自升塔式起重机是指可以依靠自身的专门装置增、减塔身标准节或自行整体爬升的塔式起重机。其中，它又可分为附着式塔式起重机和内爬式塔式起重机两种。

（1）附着式塔式起重机是指按一定间隔距离通过支撑装置将塔身锚固在建筑物上的自升塔式起重机，如图 5-6 所示。它由普通上回转塔式起重机发展而来，塔身上配置了顶升套架，塔身上部装有回转机构，回转机构上部与塔顶相连，塔顶端部用拉杆连接起重臂和平衡臂，起升机构安装在平衡臂上，小车牵引的变幅机构装在水平起重臂上。

图 5-6 附着式塔式起重机

（2）内爬式塔式起重机是指安装在建筑物内部的预留洞口处，支承在建筑物结构上的爬升机构，整机能随着建筑物的高度增加而升高的塔式起重机，如图 5-7 所示。

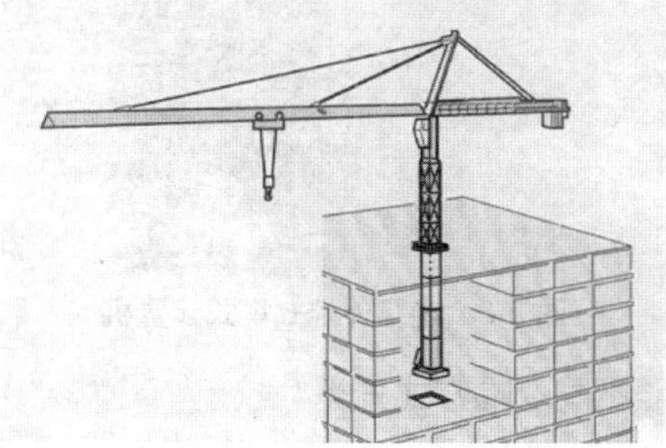

图 5-7 内爬式塔式起重机

内爬式塔式起重机的优点：建筑物可作为塔式起重机的直接支承结构，塔式起重机的塔身不用太长，在构造上与普通上回转塔式起重机基本相同。内爬式塔式起重机安装于建筑物内部不占用建筑物外围的空间场地，起重臂可360°回转，工作覆盖面大。同时利用爬升机构向上爬升，作业高度不受限制。

内爬式塔式起重机的缺点：建筑工程结构完成后，要在建筑物顶层安装辅助起重设备，先将塔式起重机解体并一件一件从建筑物顶层吊到地面上，费工费时，拆除难度大。

内爬式塔式起重机除了安装在建筑物内部的内爬形式外，近年来在超高层建筑中还有一种内爬外挂式塔式起重机的安装形式，如图5-8所示。内爬外挂式塔式起重机通过一套可循环周转的外挂支撑体系将塔式起重机悬挂于建筑物外壁，避免了塔身穿过楼板等不利因素，克服了建筑物内平面尺寸小不能布置多台塔式起重机的问题。

图5-8　内爬外挂式塔式起重机

（三）按照不同变幅方式分类

按照不同变幅方式，可分为小车水平变幅塔式起重机、动臂变幅塔式起重机和综合变幅塔式起重机。

1. 小车水平变幅塔式起重机

小车水平变幅塔式起重机是指通过起重小车沿起重臂前后运行进行变幅的塔式起重机，这类塔式起重机的起重臂架固定在水平位置，变幅小车悬挂于臂架下弦杆上，两端分别和变幅卷扬机的钢丝绳连接。收放变幅钢丝绳拖动变幅小车移动来改变吊钩的幅度。小车水平变幅塔式起重机的优点是幅度改变快，变幅时所吊重物在不同幅度时高度不变，工作平稳，便于安装就位。其缺点是在同样塔身高度的情况下，小车水平变幅塔式起重机比动臂变幅塔式起重机的起升高度小。

小车水平变幅塔式起重机可分为尖头式塔式起重机和平头式塔式起重机，如图 5-9、图 5-10 所示。

图 5-9　尖头式塔式起重机

图 5-10　平头式塔式起重机

2. 动臂变幅塔式起重机

动臂变幅塔式起重机是指通过臂架俯仰运动进行变幅的塔式起重机，如图 5-11 所示。幅度的改变是利用变幅卷扬机和变幅滑轮组系统来实现的。这种变幅方式的优点是臂架受力状态良好，自重轻。当塔身高度相同时，与其他类型塔式起重机相比，有更高的起升高度。其缺点是幅度改变较慢。

图 5-11　动臂变幅塔式起重机

3. 综合变幅塔式起重机

综合变幅塔式起重机是根据施工作业的需要，其臂架可以弯折的塔式起重机，如图 5-12 所示。它同时具备小车水平变幅塔式起重机和动臂变幅塔式起重机的功能，这种变幅采用的是一套折臂式组合臂架系统，从而在起升高度与幅度改变上弥补了上述两种塔式起重机的局限性。

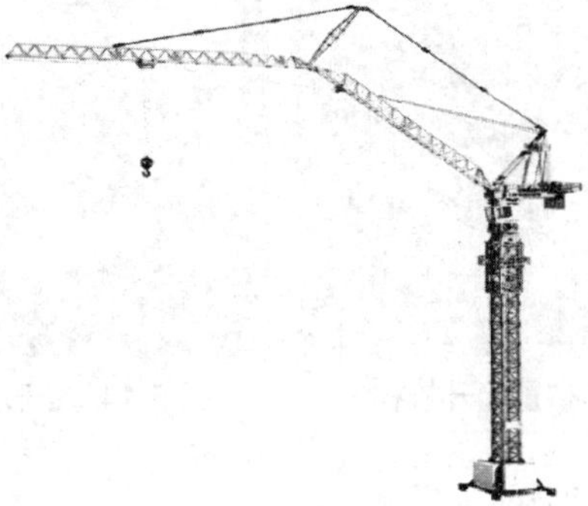

图 5-12　综合变幅塔式起重机

第三节　塔式起重机基本机构及主要安全保护装置

一、基本机构

上回转自升塔式起重机主要有起升机构、旋转机构、变幅机构三大基本机构。塔式起重机种类很多，形式多种多样，但其基本构造大体相同。

（一）起升机构

起升机构由电动机、变速箱、制动器、卷筒、底架、支承座和安全装置等组成。按照起升机构的结构形式分类，常用的有 π 形布置起升机构和 L 形布置起升机构。π 形布置起升机构如图 5-13 所示，L 形布置起升机构如图 5-14 所示。

图 5-13　π 形布置起升机构

图 5-14　L 形布置起升机构

（二）回转机构

回转机构由驱动装置、传动装置、制动装置和回转装置组成，如图 5-15 和图 5-16 所示。

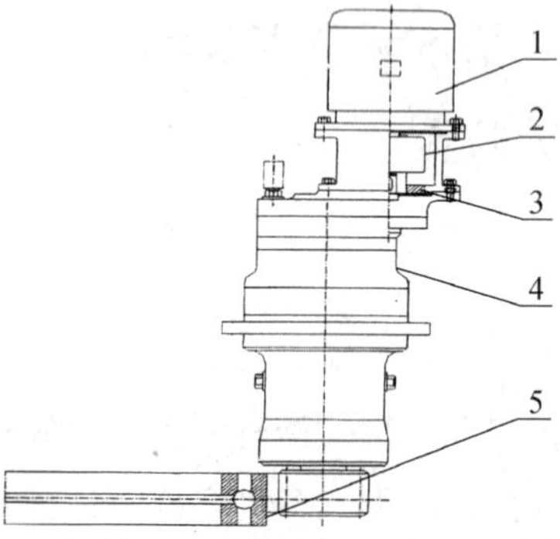

1—电动机；2—液力耦合器；3—盘式制动器；4—行星齿轮减速器；5—大齿圈。

图 5-15　回转机构

图 5-16　回转机构实物

（三）变幅机构

变幅机构由驱动装置、传动装置、制动装置和变幅装置组成，如图 5-17 所示。

图 5-17　变幅机构和安装在起重臂上的变幅机构

二、主要安全保护装置

为提高塔式起重机的安全性能，所有的塔式起重机应装设起升高度限位器、回转限位器、变幅限位器、起重量限制器、起重力矩限制器等安全保护装置。安全保护装置及所在位置，如图 5-18 所示。

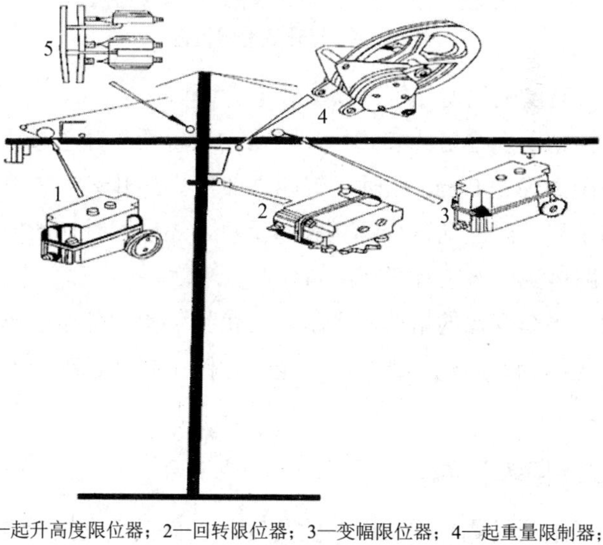

1—起升高度限位器；2—回转限位器；3—变幅限位器；4—起重量限制器；
5—起重力矩限制器。

图 5-18　安全保护装置及所在位置

（一）起升高度限位器

水平起重臂的塔式起重机在起升卷扬机卷筒旁装有起升高度限位器，如图 5-19 所示，用于起升超高限位。卷筒运转时，通过齿轮带动高度限位器，当某一凸块压住相应触点时，该限位开关断开，起到限位作用。当吊钩滑轮组倍率不同时，高度限位器要重新调整。

图 5-19 起升高度限位器

起升高度限位器应符合以下规定：

（1）动臂变幅塔式起重机，当吊钩装置顶部升至起重臂下端的最小距离为 800 mm 处时，应能立即停止起升运动。对没有变幅重物平移功能的动臂变幅塔式起重机，还应同时切断向外变幅控制回路电源，但应有下降和向内变幅运动。

（2）小车变幅的塔式起重机，当吊钩装置顶部至小车架下端的最小距离为 800 mm 处时，应能立即停止起升运动，但应有下降运动。

（二）回转限位器

为了限制塔式起重机回转的角度，以免损坏或扭断电缆，塔式起重机设置回转限位器，如图 5-20、图 5-21 所示。回转处不设集电器供电的塔式起重机，设有正反两个方向的回转限位，限位器动作时臂架旋转角度不应大于±540°。

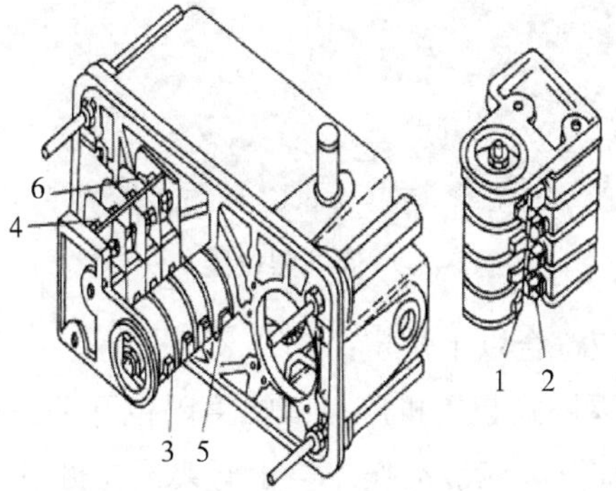

1、3、5—凸块；2—凸块拨动开关；4、6—限位开关凸轮。

图 5-20　回转限位器结构

图 5-21　回转限位器实物

（三）变幅限位器

水平起重臂式塔式起重机采用的变幅限位器型号与回转限位器一样，图 5-22 是变幅限位器安装在小车牵引卷扬机上的状态。

图 5-22　变幅限位器

变幅限位器应符合以下规定：

（1）动臂变幅塔式起重机应设有幅度限位开关，在臂架到达相应的极限位置前开关应能动作，停止臂架再往极限方向变幅。

（2）小车水平变幅塔式起重机应设有小车行程限位开关和终端缓冲装置。限位开关动作后应保证小车停车时其端部距缓冲装置最小距离为 200 mm。

（3）动臂变幅塔式起重机应设有臂架极限位置的限制装置，该装置应能有效防止臂架向后倾翻。

（四）起重量限制器

起重量限制器是用来防止塔式起重机出现超过最大起重量作业而损坏塔式起重机构件、机构或零件，保证塔式起重机的作业安全。图 5-23 是起重量限制器结构图。图 5-24 是起重量限制器实物。图 5-25 是起重量限制器安装在回转塔身上的部位。

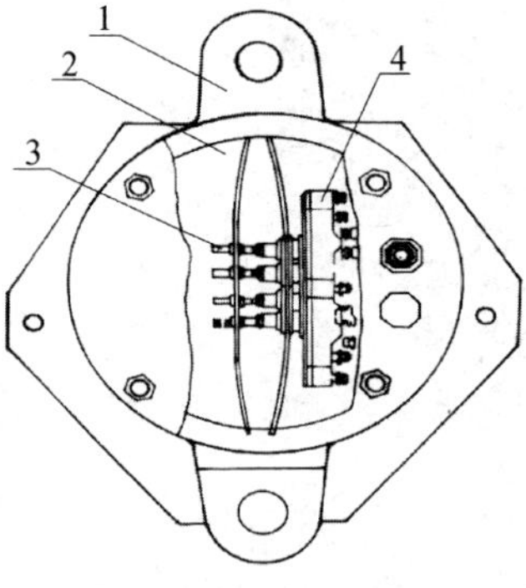

1—底座；2—弯曲钢板；
3—调节螺栓；4—微动行程开关。

图 5-23　起重量限制器结构

图 5-24　起重量限制器实物

图 5-25　起重量限制器安装在回转塔身上的部位

1. 工作原理

起重量限制器安装在回转塔身上，起重钢丝绳从其滑轮绳槽中穿过，载荷在钢丝绳上的张力经滑轮传给安装滑轮的测力环，使测力环产生微量变形，这个变形通过测力环内的放大器变形放大，当载荷达到某设定值时，放大器金属片上的可调螺栓即顶开行程开关使起升机构的控制电路断开，而使起升机构不能运行，从而限制起重量。

2. 调整要求

起重量达到额定起重量的 50%时，限制起升速度最高在二档运行；起重量达到额定起重量的 90%时，发出提示性音响警告；达到额定起重量的 110%时，切断起升电动机的电源，禁止起升，但允许下降。

（五）起重力矩限制器

起重力矩限制器是用来限制塔式起重机实际作业起重力矩，使其不超过额定起重力矩而导致整机倾翻事故的安全装置。起重力矩限制器是塔式起重机各种安全装置中最重要、最关键的一项。塔式起重机上使用的力矩限制器一般有电子式力矩限制器和机械式力矩限制器两种。焊接在塔顶上的机械式起重力矩限制器，如图 5-26 所示。

图 5-26 机械式起重力矩限制器

1. 工作原理

当塔式起重机起吊重物时，受力塔顶的后弦杆发生弯曲，焊接在塔顶的上、下拉铁发生了变化，即上拉铁向上方弧线位移，下拉铁向下方弧线位移，拉杆受力后，拉动环体发生变形，使装在环体内的弓形板发生变形，带动微动开关触头碰到环体上的可调螺栓，实现在达到设定的不同力矩时能够声光报警并限制变幅小车高速向外或切断塔式起重机起升向上和变幅小车向外变幅的电路，允许其向内变幅和下降，起到限制力矩的保护作用。该装置使塔式起重机能及时方便地卸去载荷或减小载荷力矩，避免塔式起重机超力矩作业，保证塔式起重机的安全。

2. 调整要求

当达到额定起重力矩的 110%时，应切断上升方向和向外方向的变幅电源；在起重力矩达到额定值的90%时，通过力矩限制器能发出一种预警信号；当其最大变幅速度超过40 m/min，在小车向外运行，且起重力矩达到额定值的80%时，变幅速度应自动转换为不大于40 m/min的速度运行。

第四节　塔式起重机的技术参数

根据《塔式起重机》（GB/T 5031—2019）的相关规定，塔式起重机的主要技术参数有：

（1）最大起重力矩：最大额定起重量重力与其在设计确定的各种组合臂长中所能达到的最大工作幅度的乘积（kN · m）。

（2）起升高度：塔式起重机运行或固定独立状态时，空载、塔身处于最大高度、吊钩处于最小幅度处，吊钩支承面对塔式起重机基准面的允许最大垂直距离。

注：对动臂变幅塔式起重机，起升高度分为最大幅度时起升高度和最小幅度时起升高度。

（3）起升速度：起吊各稳定运行速度挡对应的最大额定起重量，吊钩上升过程中稳定运动状态下的上升速度。

（4）小车变幅速度：对小车变幅塔式起重机，起吊最大幅度时的额定起重量、风速小于3 m/s时，小车稳定运行的速度。

（5）全程变幅时间：对动臂变幅塔式起重机，起吊最大幅度时的额定起重量、风速小于3 m/s时，臂架仰角从最小角度到最大角度所需要的时间。

（6）回转速度：塔式起重机在最大额定起重力矩载荷状态、风速小于3 m/s、吊钩位于最大高度时的稳定回转速度。

（7）慢降速度：起升滑轮组为最小倍率，吊有该倍率允许的最大额定起重量，吊钩稳定下降时的最低速度。

（8）运行速度：空载、风速小于 3 m/s，起重臂平行于轨道方向时塔式起重机稳定运行的速度。

第五节　塔式起重机的起重特性

以小车变幅塔式起重机为例，塔式起重机小车在吊臂上做前后的运动，也就是所说的“变幅”，这种变幅是改变起吊物在起重臂上投影的位置。在同一台塔式起重机上，小车离塔身越远，起吊能力就越低。起吊物与塔身的水平距离就是力臂的长度，塔式起重机的起重能力是以力矩来衡量的，小车在起重臂上的不同位置，其起重能力是不同的，这种起重能力通过塔式起重特性曲线表示。

塔式起重特性曲线表示塔式起重机的起重量随幅度改变的曲线，规定直角坐标系的横坐标为幅度，纵坐标为额定起重量，如图 5-27 所示。

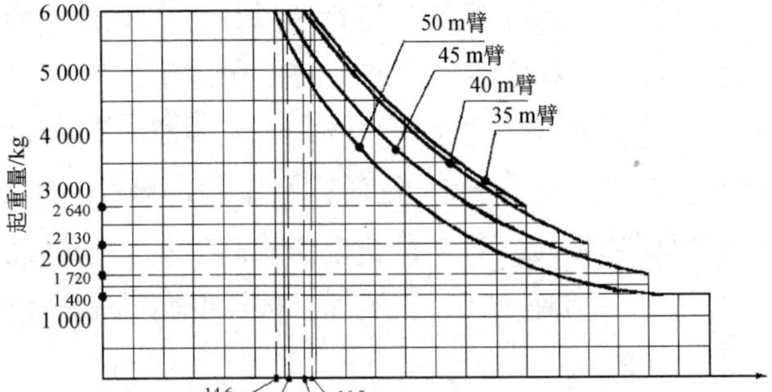

图 5-27　QTZ80 塔式起重机起重特性曲线

第六章　物体重量与重心

第一节　物体重量

在起吊、搬运各种设备或重物时，首先应该知道被起吊、搬运设备或物体的重量，根据设备或物体的重量和形状等情况选择合适的起重机具，确定合理的施工方案。这样就要求每个建筑起重信号司索工应掌握有关物体面积、体积、质量、重量等基本概念和简单的计算方法。常用规则几何形状面积的计算公式，见表6-1。

表6-1　常用规则几何形状面积计算公式

名称	几何图形	计算公式
正方形	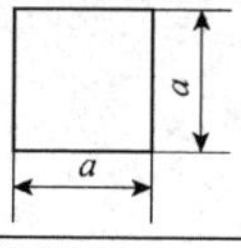	$S=a^2$
长方形	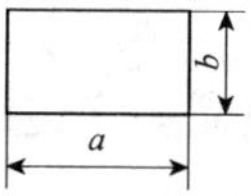	$S=ab$
圆形	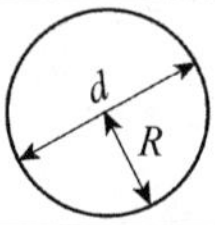	$S=\pi R^2$ $S=\pi d^2/4$

续表

名称	几何图形	计算公式
圆环形	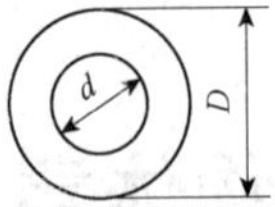	$S=\pi(D^2-d^2)/4$

一、物体面积的计算

在实际工作中，遇到的物体不一定是表 6-1 所介绍的规则几何形状，此时，我们可以把它们分割成几种规则或近似规则的图形，分别计算出结果，然后相加，就能得到总面积。

例：

1. 已知边长（a）10 mm，求正方形的面积。

解：$S=a^2=10^2=10\times10=100$（$mm^2$）

2. 已知长（a）10 mm，宽（b）5 mm，求长方形面积。

解：$S=ab=10\times5=50$（mm^2）

3. 已知圆形直径（d）10mm，半径（R）5 mm，求圆形的面积。（π 取 3.14）

解法 1：$S=\pi R^2=3.14\times5^2=3.14\times25=78.5$（$mm^2$）

解法 2：$S=\pi d^2/4=3.14\times10^2/4=3.14\times100/4=314/4=78.5$（$mm^2$）

二、物体体积的计算

要计算物体的质量，就需要知道物体的体积。常用规则几何形状体积的计算公式，见表 6-2。

表 6-2　常用规则几何形状体积的计算公式

名称	几何图形	计算公式
正方体	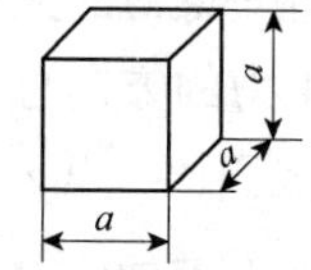	$V=a^3$
长方体	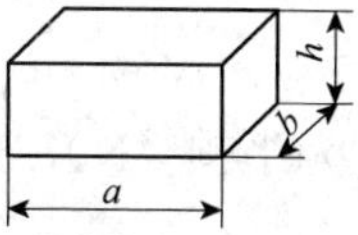	$V=abh$
圆柱体	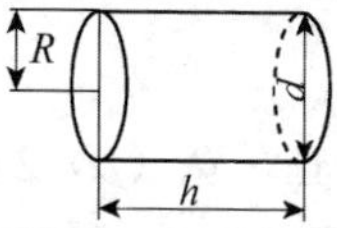	$V=\pi R^2h$ $V=\pi d^2h/4$
空心圆柱体	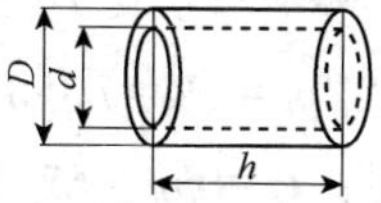	$V=\pi(D^2-d^2)h/4$

例：

1. 已知边长（a）10 mm，求正方体的体积。

解：$V=a^3=10^3=1\,000$（mm^3）

2. 已知长（a）10 mm，宽（b）5 mm，高（h）2 mm，求长方体的体积。

解：$V=abh=10\times5\times2=100$（$mm^3$）

3. 已知半径（R）5 mm，高（h）4 mm，求圆柱体的体积。（π 取 3.14）

解法 1：$V=\pi R^2h=3.14\times5^2\times4=3.14\times5\times5\times4=314$（$mm^3$）

解法 2：$V=\pi d^2h/4=3.14\times10^2\times4/4=314$（$mm^3$）

三、物体重量计算

物体的重量就是物体所受重力的大小，物体所受的重力是由于地球的吸引而产生的，重力的方向总是竖直向下，物体所受重力大小 G 和物体的质量 m 成正比，其表达式为：

$$G=mg \tag{6-1}$$

式中，g——9.8 N/kg。

重力法定的计量单位为牛顿（N），1 kg 的物体受到的重力为 9.8 N。

例：

（1）计算：长（a）2 m，宽（b）2 m，高（h）2 m 的正方形钢块质量和重量分别是多少？（ρ 取 7 850 kg/m^3）

解：正方形钢块质量：$m=\rho V=7\,850\times2\times2\times2=62\,800$（kg）

正方形钢块重量：$G=mg=62\,800\times9.8=615\,440$（N）

（2）计算：长（a）3 m，宽（b）2 m，高（h）1 m 的长方形钢块质量和重量分别是多少？（ρ 取 7 850 kg/m^3）

解：长方形钢块质量：$m=\rho V=7\,850\times3\times2\times1=47\,100$（kg）

长方形钢块重量：$G=mg=47\,100\times9.8=461\,580$（N）

（3）计算：直径（d）0.2 m，半径（R）0.1 m，高（h）1 m 的圆柱体的钢柱质量和重量分别是多少？（ρ 取 7 850 kg/m^3，π 取 3.14）

解：圆柱体钢柱质量：$m=\rho V=\rho\pi R^2h=7\,850\times3.14\times0.1^2\times1$

$=246.49$（kg）

圆柱体钢柱重量：$G=mg=246.49\times9.8=2\,415.6$（N）

（4）计算：大圆半径（R）2 m，小圆半径（r）1 m，高（h）3 m 的空心圆柱体钢柱的质量和重量分别是多少？（ρ 取 7 850 kg/m^3，π 取 3.14）

解：空心圆柱体钢柱质量：$m=\rho V=\pi（R^2-r^2）h$

$=7\,850\times3.14\times(2^2-1^2)\times3$

$=221\,841$（kg）

空心圆柱体钢柱重量：$G=mg=221\,841\times9.8$

$=2\,174\,041.8$（N）

四、物体质量计算

（一）密度

计算物体质量时，必须知道物体材料的密度。密度是指某种物质单位体积内所具有的质量，符号为“ρ”，其单位是 kg/m^3（千克/米 ^{3}）。常见材料密度见表 6-3。

表 6-3　常见材料密度

材料名称	ρ /（kg/m^3）	材料名称	ρ /（kg/m^3）
钢	7 850	杉木	376
不锈钢	7 750	玻璃	2 500
铝	2 730	陶瓷	2 300～2 450
水	1 000	有机玻璃	1 180
塑料	1 350～1 400	水泥	1 200
生石灰	1 100	耐火砖	2 100～2 800
碎石	1 600	混凝土	2 000

（二）物体质量计算

物体的质量等于构成该物体的材料密度与体积的乘积，其表达式为：

$$m=\rho V \tag{6-2}$$

式中，m——物体的质量；

ρ——物体的材料密度；

V——物体的体积。

计算时应注意各参数单位的相互对应。

第二节　物体重心

一、物体重心计算

在起重作业中，组合件的吊装以及吊装时对物体的翻身都必须考虑到物件的重心。如果不找到物体重心而在任意位置捆绑，吊装中会造成钢丝绳受力不均匀而可能断裂，或发生失去平衡导致倾覆的危险。

（一）重心的概念

重心就是物体各部分重量的中心，也可以认为物体全部重量作用在重心上。一个物体不论在什么地方，不论如何安装，它的重心在物体形体上的位置是不会改变的。

（二）重心的求法

1. 常见规则几何形状物体重心的确定

正方形、长方形物体的重心确定，画出对角线，重心在其对角线的交点处；圆柱形物体的重心确定，画出中间横截面，其重心在轴向中间横截面的圆心处；三角形物体的重心确定，画出 3 条中心线，其重心在 3 条中心线的交点处；组合体的重心确定，先找出各个分部物体的重心，再找出组合体的重心。图 6-1 为物体重心实例。

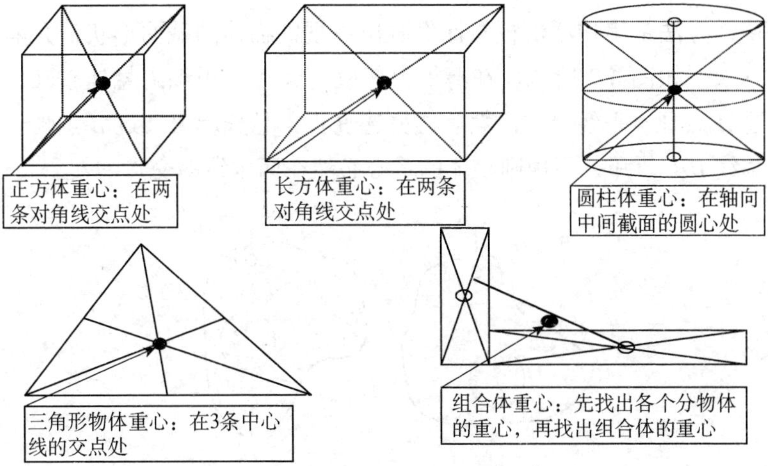

图 6-1　物体重心实例

2. 用数学方法求物体的重心

如果物体由两个或两个以上的基本形体组成，可以分别求出基本形体的重心，然后再用基本形体的重心坐标，求出整个物体的重心坐标，其计算公式为：

$$X_C = \frac{\sum F_i X_i}{F} \qquad (6\text{-}3)$$

$$Y_C = \frac{\sum F_i Y_i}{F} \qquad (6\text{-}4)$$

$$Z_C = \frac{\sum F_i Z_i}{F} \qquad (6\text{-}5)$$

式中，F_i——基本形体的面积，mm^2；

F——整个形体的面积，mm^2；

X_i、Y_i、Z_i——分别为基本形体的重心位置，mm；

X_C、Y_C、Z_C——分别为整个物体的重心位置，mm。

3. 不规则几何形状物体重心的确定

不规则几何形状物体的重心确定可用悬挂法测定其重心位

置，方法是用均质薄板按比例画出不规则物体的截面形状，并剪下来，如图 6-2 所示。在薄板上任取一 A 点，用细绳悬挂起来，过 A 点画一垂线 AA'；然后再另选 B 点，悬挂起来，过 B 点画一垂线 BB'，那么不规则物体的重心必然在两垂线的交点 O 处。

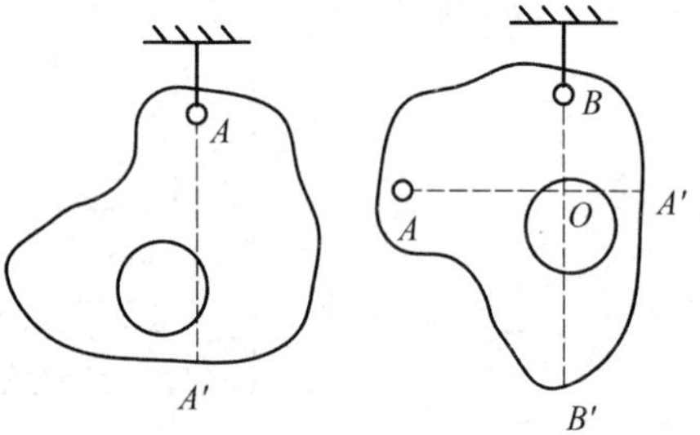

图 6-2　悬挂法求重心

二、物体稳定

对于起重信号司索作业来说，保证物体的稳定条件可以从 2 个方面考虑：一是物体放置时应保证有可靠的稳定性，不倾倒；二是在吊装运输过程中，也应有可靠的稳定性，保证正常吊运中不倾斜或翻转。

放置物体时，物体的重心作用线接近或超过物体支承面边缘时（倾翻临界线），物体是不稳定的。物体的重心越低，支承面越大，物体所处的状态就越稳定。

吊运物体时，为保证吊运过程中物体的稳定性，防止提升、运输中发生倾斜、摆动或翻转，应使吊钩吊点与被吊物重心在同一条铅垂线上。

第七章　起重吊点选择与物体绑扎吊装

第一节　物体吊点选择原则

在吊装各种物体时，为避免物体的倾斜、翻转、转动，应根据物体的形状特点、重心位置，正确选择起吊点，使物体在吊运过程中有足够的稳定性，以免发生事故。

一、试吊法选择吊点

在一般吊装工作中，多数起重作业并不需要用计算法去准确计算物体的重心位置，而是估计物件重心位置，采用低位试吊的方法来逐步找到重心，从而确定吊点的绑扎位置。

二、有起吊耳环物件

对于有起吊耳环的物件，应使用耳环作为物体的吊点，在吊装前应检查耳环是否完好，必要时可加保护性辅助吊索。

三、长形物体吊点选择

（1）用一个吊点时，吊点位置应在距离起吊端 0.3*L*（*L* 为物体长度）处，如图 7-1 所示。

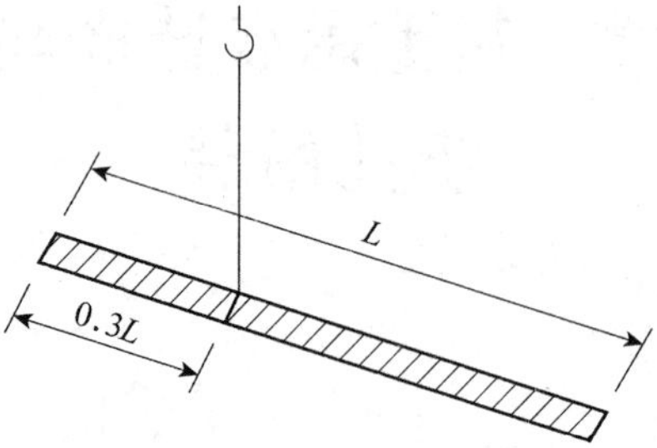

图 7-1　一个吊点

（2）用两个吊点时，吊点距物体两端的距离为 0.2*L* 处，如图 7-2 所示。

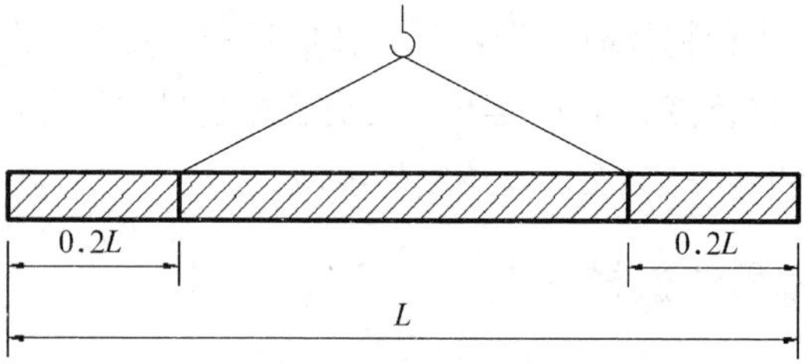

图 7-2　两个吊点

（3）用三个吊点时，其中两端的两个吊点距两端的距离为 0.13*L*，而中间吊点的位置应在物体中心，如图 7-3 所示。

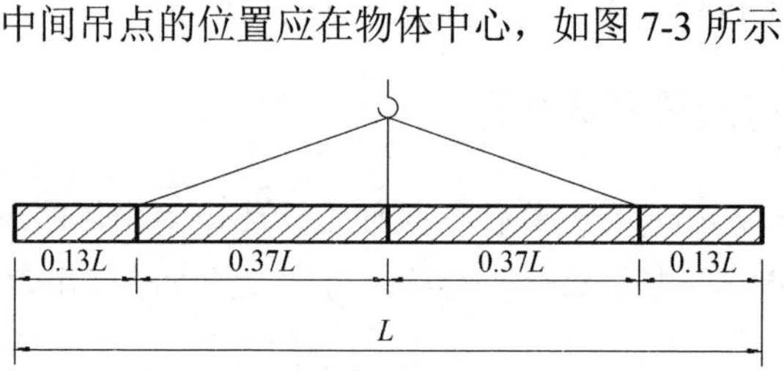

图 7-3　三个吊点

（4）用四个吊点时，两端的两个吊点与两端的距离为 0.095*L*，中间两个吊点的跨度为 0.27*L*，如图 7-4 所示。

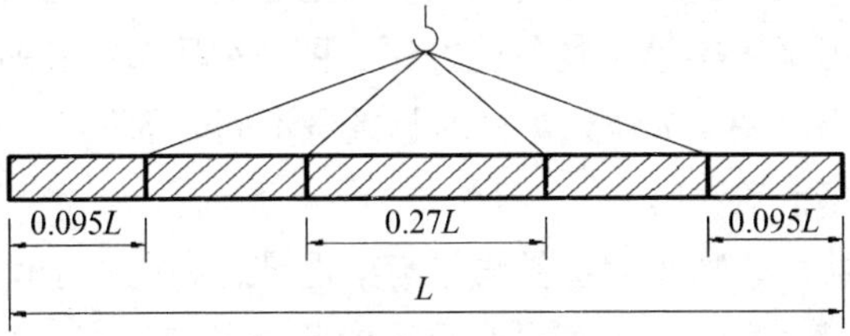

图 7-4　四个吊点

四、方形物体吊点选择

吊装方形物体一般采用四个吊点，四个吊点位置应选择在四边对称的位置上，吊钩吊点应与吊物重心在同一条铅垂线上，使吊物处于稳定平衡状态。

五、机械设备安装平衡辅助吊点

在机械设备安装精度要求较高时，为保证安全顺利地装配，可采用确定主吊点后选择辅助吊点配合简易吊具调节机件平衡的吊装法。通常多采用环链手拉葫芦调节机件的水平位置，该方法为调节平衡吊装法，如图 7-5 所示。

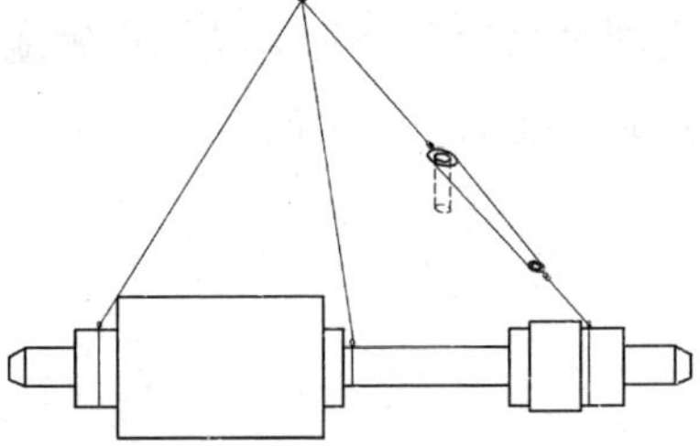

图 7-5　调节平衡吊装法

六、两台起重机吊同一物体时吊点选择

物体的重量超过一台起重机的额定起重量时，通常采用两台起重机使用平衡梁吊装物体的方法。图 7-6 是起重机的起重量相同时的吊点，图 7-7 是起重机的起重量不同时的吊点。该方法应满足以下 2 个条件：

（1）被吊装物体的重量与平衡梁重量之和应小于两台起重机额定起重量之和，并且每台起重机的起重量应留有 1.2 倍的安全系数。

（2）利用平衡梁合理分配载荷，使两台起重机均不能超载。

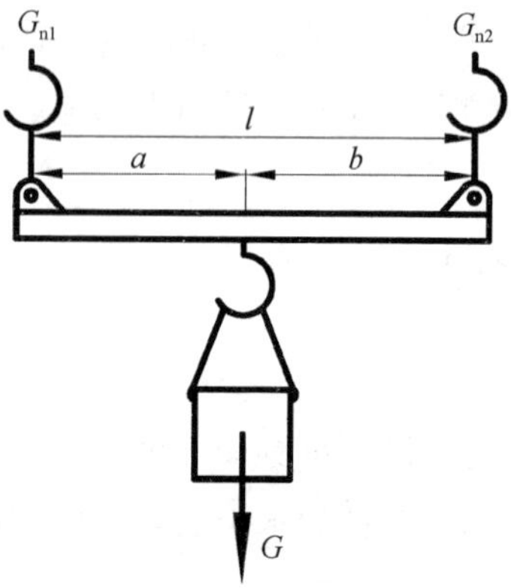

图 7-6　起重量相同时的吊点

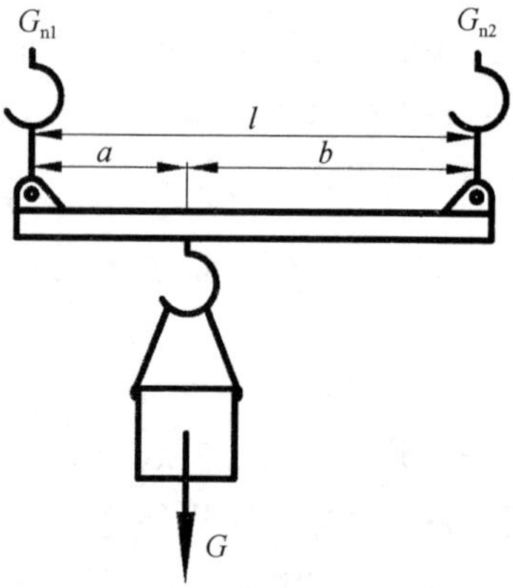

图 7-7　起重量不同时的吊点

在两台起重机同时吊运一个物体时，正确地指挥两台起重机统一动作是安全完成吊装工作的关键。

第二节　吊装物体的绑扎方法

一、柱形物体的绑扎方法

1. 平行吊装绑扎法

平行吊装绑扎法一般有 2 种。一种是用一个吊点，仅用于短小、重量轻的物体，在绑扎前应找准物件的重心，使被吊装的物件处于水平状态，常采用单支吊索穿套结索法吊装作业，同时根据所吊物体的整体性和松散性，选用单圈或双圈穿套结索法，如图 7-8 所示。另一种是用两个吊点，这种吊装方法是将吊索绑扎在物件的两端，常采用双支穿套结索法，如图 7-9 所示。

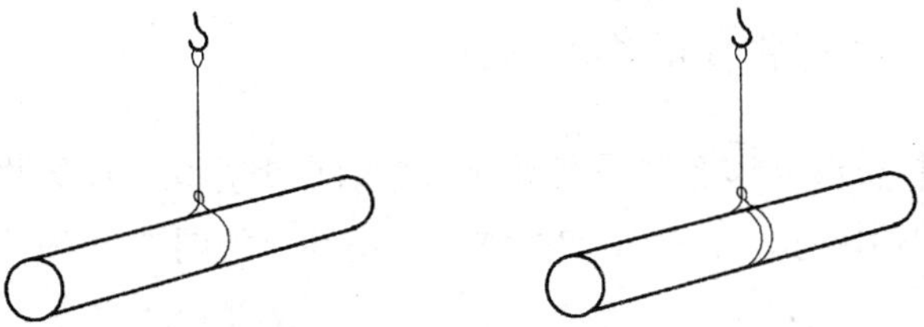

(a) 单圈穿套结索法　　(b) 双圈穿套结索法

图 7-8　单圈和双圈穿套结索法

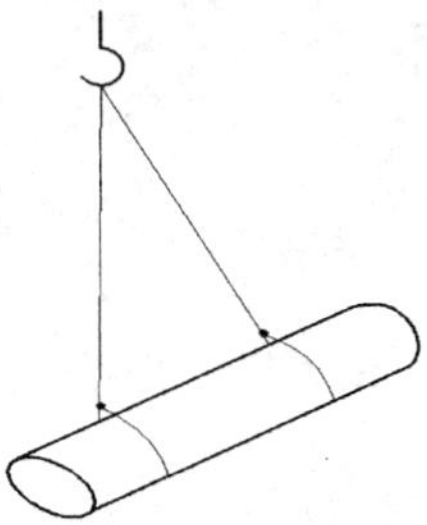

图 7-9　双支穿套结索法

2. 垂直斜吊装绑扎法

垂直斜吊装绑扎法多用于外形尺寸较长、对物件安装有特殊要求的场合，其绑扎点多为一点绑法（也可两点绑扎）。绑扎位置在物体端部，采用双圈或双圈以上穿套结索法，可防止物件起吊后发生滑脱，如图 7-10 所示。

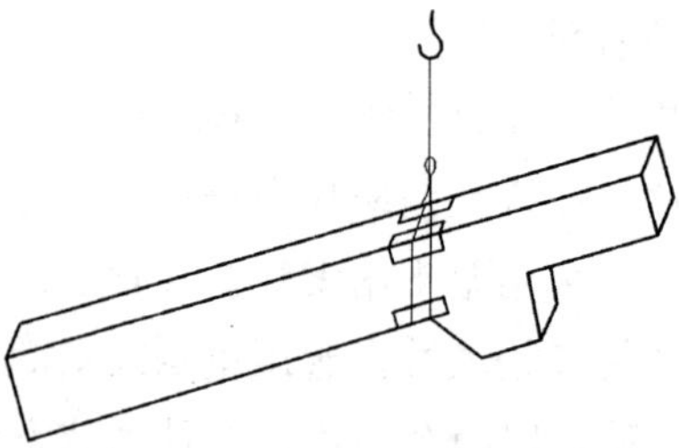

图 7-10　双圈或双圈以上穿套结索法

二、长形物体的绑扎方法

吊装长形物体通常采用平行吊装两点绑扎法，如果物件重心居中可不用绑扎，而采用兜挂法直接吊装，如图 7-11 所示。

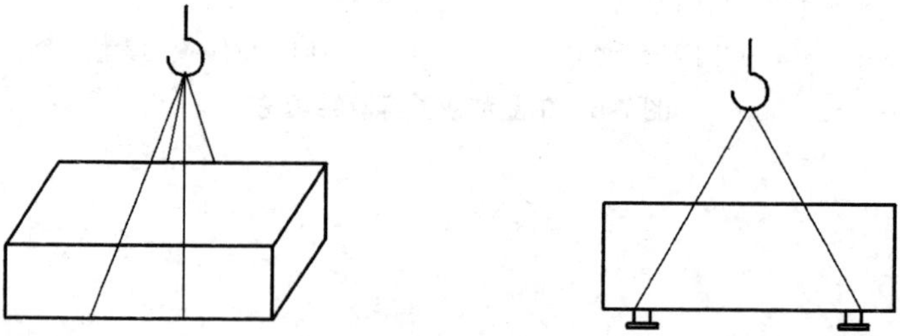

图 7-11　兜挂法

三、绑扎安全要求注意事项

（1）绑扎用钢丝绳吊索、卸扣的选用要留有一定的安全余量，绑扎前必须进行严格的检查，如发现损坏应及时更换，未达到报废标准时，应在出现异常的部位处做明显标记，作为继续检查的重点。

（2）用于绑扎的钢丝绳吊索不得用插接、打结或绳卡固定连接的方法缩短或加长。绑扎时锐角处应加防护衬垫，以防止钢丝绳损坏造成事故。

（3）绑扎后的钢丝绳吊索提升重物时，各分支受力应均匀，支间夹角不应超过 120°。

（4）绑扎吊运大型或薄壁物件时，应采取加固措施。

（5）注意风载荷对物体引起的受力变化。

第三节　起重吊装方案的确定

起重作业技术性强、危险性大，需要多工种人员相互配合，精心组织，统一指挥，所以必须对作业现场的环境，重物吊运路线及吊运指定位置和起重物重量、重心、起重物吊点是否平衡等进行分析、计算，正确制订起重方案，以达到安全作业的目的。

一、方案确定的主要依据

（1）被吊运重物的重量。

（2）被吊运重物的重心位置及绑扎方法。

（3）起重作业现场环境情况。

二、起重作业现场布置

（1）施工现场的布置应尽量减少吊运跨度与装卸次数。

（2）应考虑设备的运输、拼装、吊运位置。

（3）根据扒杆垂直起吊特点，应合理选择扒杆竖立、移动、拆除位置和卷扬机的安装位置。

（4）选定流动式起重机的合适吊装位置，使其能变幅、旋转、升高，以便顺利完成吊装作业。

（5）整个起重作业现场的布置必须考虑施工的安全和信号司索指挥人员的安全位置以及与周围物体的安全距离。

第四节　起重吊装的基本规定

参照《建筑施工起重吊装工程安全技术规范》（JGJ 276—2012）等规范，起重吊装的基本规定如下：

（1）起重吊装作业前，必须编制吊装作业的专项施工方案，并应充分考虑施工现场的环境、道路、架空电线等情况，并应进行安全技术交底；作业中，未经技术负责人批准，不得随意更改方案。

（2）参加起重吊装的人员应经过严格的培训，取得培训合格证后，方可上岗。

（3）起重吊装作业前，应检查所使用的机械、滑轮、吊索、卡环和地锚等，确保其完好，符合安全要求。

（4）起重作业人员必须穿防滑鞋、戴安全帽，高处作业应佩挂安全带，并应系挂可靠和严格遵守高挂低用。

（5）吊装作业区四周应设置明显标志，严禁非操作人员入内。夜间施工必须有足够的照明。

（6）起重吊装设备通行的道路应平整坚实。

（7）登高梯子的上端应固定，高空用的吊篮和临时工作台应绑扎牢靠。吊篮和工作台的脚手板应铺平绑牢，严禁出现探头板。吊移操作平台时，平台上面严禁站人。

（8）绑扎所用的吊索、卡环、绳扣等的规格应按计算确定。

（9）起吊前，应对起重机钢丝绳及连接部位和索具设备进行检查。

（10）高空吊装屋架、梁和斜吊法吊装柱时，应于构件两端绑扎溜绳，由操作人员控制构件的平衡和稳定。

（11）构件吊装和翻身扶直时的吊点必须符合设计规定。异型构件或无设计规定时，应经计算确定，并保证使构件起吊平稳。

（12）安装所使用的螺栓、钢楔（或木楔）、钢垫板、垫木和电焊条等的材质应符合设计要求的材质标准及国家现行标准的有关规定。

（13）吊装大、重、新结构构件和采用新的吊装工艺时，应先进行试吊，确认无问题后，方可正式起吊。

（14）大雨、大雾、大雪及 6 级以上大风等恶劣天气应停止吊装作业。事后应及时清理冰雪并应采取防滑和防漏电措施。雨雪过后开工作业前，应先试吊，确认制动器灵敏可靠后方可进行作业。

（15）吊起的构件应确保在起重机吊杆顶的正下方，严禁采用斜拉、斜吊，严禁起吊埋于地下或黏结在地面上的构件。

（16）起重机靠近架空输电线路作业或在架空输电线路下行走时，必须与架空输电线始终保持不小于《施工现场临时用电安全技术规范》（JGJ 46—2005）规定的安全距离。当需要在小于规定的安全距离范围内进行作业时，必须采取严格的安全保护措施，并应经供电部门审查批准。

（17）采用双机抬吊时，宜选用同类型或性能相近的起重机，负载分配应合理，单机载荷不得超过额定起重量的80%。两机应协调起吊和就位，起吊的速度应平稳缓慢。

（18）严禁超载吊装和起吊重量不明的重大构件和设备。

（19）起吊过程中，在起重机行走、回转、俯仰吊臂、起落吊钩等动作前，起重司机应鸣声示意。一次只宜进行一个动作，待前一动作结束后，再进行下一个动作。

（20）开始起吊时，应先将构件吊离地面200～300 mm后停止起吊，并检查起重机的稳定性、制动装置的可靠性、构件的平衡性和绑扎的牢固性等，待确认无误后，方可继续起吊。已吊起的构件不得长久停滞在空中。

（21）严禁在吊起的构件上行走或站立，不得用起重机载运人员，不得在构件上堆放或悬挂零星物件。

（22）起吊时不得忽快忽慢和突然制动。回转时动作应平稳，当回转未停稳前不得做反向动作。

（23）严禁在已吊起的构件下面或起重臂下旋转范围内作业或行走。

（24）因故（天气、下班、停电等）对吊装中未形成空间稳定体系的部分，应采取有效的加固措施。

（25）高处作业所使用的工具和零配件等，必须放在工具袋（盒）内，严防掉落，并严禁上下抛掷。

（26）吊装中的焊接作业应选择合理的焊接工艺，避免发生过大的变形，冬季焊接应有焊前预热（包括焊条预热）措施，焊接时应有防风、防水措施，焊后应有保温措施。

（27）已安装好的结构构件，未经有关设计和技术部门批准不得用作受力支承点和在构件上随意凿洞开孔，不得在其上堆放超过设计荷载的施工荷载。

（28）永久固定的连接，应经过严格检查，并确保无误后，方可拆除临时固定工具。

（29）高处安装中的电焊、气焊作业，应严格采取安全防火措施，在作业处下面周围 10 m 范围内不得有人。

（30）对起吊物进行移动、吊升、停止、安装时的全过程应用旗语或通用手势信号进行指挥，信号不明时不得启动，上下相互协调联系应采用对讲机。

（31）严格遵守建筑工地起重吊装“十不吊”规定：

1）起重臂和吊起的重物下面有人停留或行走不准吊。

2）起重指挥应由安全技术培训合格的专职人员担任，无指挥或信号不清不准吊。

3）钢筋、型钢、管材等细长和多根物件必须多点捆扎牢靠起吊，单头或捆扎不牢靠不准吊。

4）多孔板、手推翻斗车不用四点吊法不准吊。

5）吊砌块必须使用安全可靠的砌块夹具，吊砖必须使用砖笼，并堆放整齐。木砖、预埋件等零星物件要用盛器堆放稳妥，叠放不齐不准吊。

6）楼板、大梁等吊物上站人不准吊。

7）埋入地面的板桩、井点管等以及粘连、附着的物件不准吊。

8）多机作业，应保证所吊重物距离不小于 3 m，在同一轨道上多机作业，无安全措施不准吊。

9）6 级以上强风区不准吊。

10）斜拉重物或超过起重机允许荷载不准吊。

第八章　吊装索具与吊具

在起重作业中，常用绳索绑扎、搬运和提升重物。常用的吊装索具有白棕绳、尼龙绳、钢丝绳、合成纤维吊带、起重横吊梁等。

第一节　常用吊装索具的相关介绍

一、白棕绳

1. 白棕绳的特点和用途

白棕绳是起重作业中常用的轻便绳索，具有质地柔软、携带方便和容易绑扎等优点，但其强度比较低。一般白棕绳的抗拉强度仅为同直径钢丝绳的 10%左右，易磨损。白棕绳主要用于绑扎及起吊较轻的物件和起重量比较小的扒杆缆风绳索。

白棕绳有涂油和不涂油之分。涂油的白棕绳抗潮湿防腐性能较好，其强度比不涂油的要低，一般要低 10%～20%；不涂油的白棕绳在干燥情况下，强度高、弹性好，但受潮后强度会降低约 50%。

白棕绳有 3 股、4 股和 9 股捻制，特殊情况下还有 12 股捻制，其中最常用的是 3 股捻制品。

2. 白棕绳使用规定

按照《建筑施工起重吊装工程安全技术规范》（JGJ 276—2012）中的要求，吊装作业中使用的白棕绳应符合以下规定：

（1）必须由剑麻的茎纤维搓成，并不得涂油，其规格和破断拉力应符合产品说明书的规定。

（2）只可用作受力不大的缆风绳和溜绳。

（3）穿绕白棕绳的滑轮直径应大于白棕绳直径的10倍。麻绳有结时，不得穿过滑轮狭小之处。长期在滑轮使用的白棕绳，应定期改变穿绳方向，以使绳的磨损均匀。

（4）整卷白棕绳应根据需要的长度切断绳头，切断前必须用铁丝或麻绳将切断口扎紧，严防绳头松散。

（5）使用中发生扭结应立即抖直。如有局部损伤，应切去损伤部分。

（6）当绳不够长时，必须采用编接绳接长。

（7）捆绑有棱角的物件时，必须垫以木板或麻袋等物品。

（8）使用中不得在粗糙的构件上或地下拖拉，并应严防砂、石屑嵌入，磨伤白棕绳。

（9）编接绳头绳套时，编接前每股头上应用绳扎紧，编接后相互搭接长度：绳套不得小于白棕绳直径的15倍；绳头不得小于30倍。

（10）白棕绳在使用时不得超过其允许拉力。

3. 白棕绳的近似破断拉力和允许拉力计算

（1）白棕绳的近似破断拉力：

$$F_z = 50d^2 \tag{8-1}$$

式中，F_z——白棕绳的破断拉力，N（或见厂家说明书）；

d——白棕绳直径，mm。

（2）为了保证起重作业的安全，白棕绳在使用时不得超过其允许拉力，允许拉力应按下式计算：

$$[F_z]=F_z/k \tag{8-2}$$

式中，$[F_z]$——白棕绳的允许拉力，N；

F_z——白棕绳的破断拉力，N；

k——白棕绳的安全系数，见表 8-1。

表 8-1 白棕绳的安全系数

用途	新、旧绳	安全系数
一般小型构件（过梁、空心板及 5 kN 重以下等构件）	新绳	≥3
	旧绳	≥6
5～10 kN 重吊装作业	新绳	10
作捆绑吊索	新绳	≥6
	旧绳	≥12
作缆风绳	新绳	≥6

例：用白棕绳近似破断拉力公式，计算直径 d 为 20 mm，用作捆绑吊索的白棕绳（新绳 k 取 6）的近似破断拉力和允许拉力？

解：（1）白棕绳的近似破断拉力：$F_z=50d^2=50\times20^2=50\times400=20\,000$（N）

（2）白棕绳的近似允许拉力：$[F_z]=F_z/k=20\,000/6\approx3\,333$（N）

4. 白棕绳的堆放和保管

白棕绳的堆放和保管应符合以下规定：

（1）原封整卷白棕绳应放置在支垫不小于 100 mm 高的木板上。直径 20 mm 以下的白棕绳重叠堆放不得超过 4 卷，直径 22～38 mm 的白棕绳重叠堆放不得超过 3 卷，直径 41～63 mm 的白棕绳重叠堆放不得超过 2 卷。

（2）粘有灰尘或污物时，可在水中洗净后晾干，并应较松地盘好挂在木架上。

（3）存放白棕绳的库房应干燥、通风，不得使麻绳受潮或霉烂。

（4）堆放白棕绳时严禁与油漆、酸、碱以及有腐蚀性的化学药品接触。

二、尼龙绳

1. 尼龙绳的特点

尼龙绳具有重量轻、质地柔软、弹性好、强度高、耐腐蚀、耐油、不生蛀虫及霉菌、抗水性能好等优点；其缺点是不耐高温，使用中应避免高温及锐角损伤。尼龙绳可用来吊运表面粗糙、精度要求高的机械零部件及有色金属制品。

2. 尼龙绳的受力计算

（1）近似破断拉力：

$$S_{破断}=110d^2 \tag{8-3}$$

式中，$S_{破断}$——近似破断拉力，N；

d——尼龙绳直径，mm。

（2）允许工作拉力：

$$S_{允许}=S_{破断}/k=110d^2/k \tag{8-4}$$

式中，$S_{允许}$——允许工作拉力，N；

k——尼龙绳使用安全系数。

尼龙绳使用安全系数可根据工作使用状况的重要程度选取，但不得小于6。

例：用尼龙绳近似破断拉力公式，计算直径d为20 mm，用作捆绑吊索的尼龙绳（k取6）的近似破断拉力和允许拉力：

解：（1）尼龙绳的近似破断拉力：$S_{破断}=110d^2=110\times20^2=110\times400=44\ 000$（N）

（2）尼龙绳的近似允许拉力：$S_{允许}=S_{破断}/k=110d^2/k=44\ 000/6=7\ 333$（N）

三、常用绳索打结方法

绳索在使用过程中打成各式各样绳结，常用方法、用途及特点见表 8-2。

表 8-2　常用的绳索打结方法用途及特点

序号	绳结名称	简图	用途及特点
1	直结（又称平结、交叉结、果子扣）	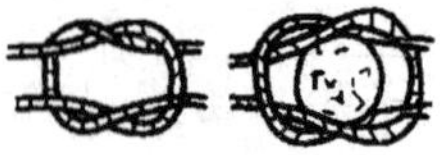	用于白棕绳两端的连接，连接牢固，中间放一短木棒易解
2	活结	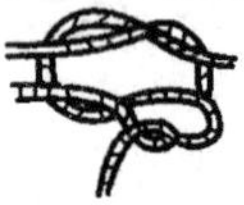	用于白棕绳需要迅速解开时
3	组合结（又称单帆结、三角扣及单绕式双插法）		用于白棕绳或钢丝绳的连接，比直结容易结、易解，也可用于不同粗细绳索两端的连接
4	双重组合结（又称双帆结、多绕式双插结）		用于白棕绳或钢丝绳两端有拉力时的连接及钢丝绳端与套环相连接，绳结牢靠
5	套连环结		用于钢丝绳（或白棕绳）与吊环连接
6	海员结（又称琵琶结、滑子结）	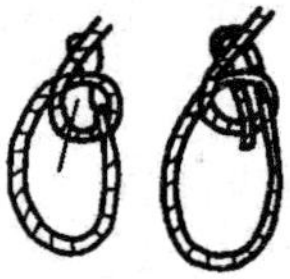	用于白棕绳绳头的固定，系结杆件或拖拉物件，绳结牢靠，易解，拉紧后不出死结

续表

序号	绳结名称	简图	用途及特点
7	双套结（又称锁圈结）		用途同海员结，也可做吊索用，结绳牢固可靠，结绳迅速，解开方便，可用于钢丝绳中段打结
8	梯形结（又称八字扣、猪蹄扣、环扣）		在人字及三角桅杆栓拖拉绳，可在绳中段打结，也可抬吊重物；绳圈易扩大和缩小，绳结牢靠又易解
9	拴住结（锚桩结）	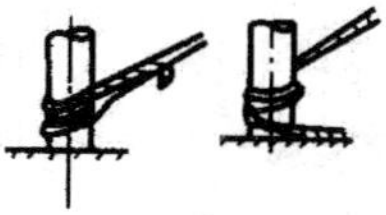	用于缆风绳固定端绳结，用于溜松绳结，可以在受力后慢慢放松，且活头应放在下面
10	双梯形结（又称鲁班结）		主要用于拨桩及桅杆绑扎缆风绳等，绳结紧且不易松脱
11	单套结（又称十字结）		用于连接吊索或钢丝绳的两端或固定绳索用
12	双套结（又称双十字结、对结）		用于连接吊索或钢丝绳的两端，也可用于绳端固定
13	抬扣（又称杠棒结）		用于白棕绳搬运轻量物件，抬起重物时绳自然缩紧；结绳、解绳迅速

续表

序号	绳结名称	简图	用途及特点
14	死结（又称死圈扣）	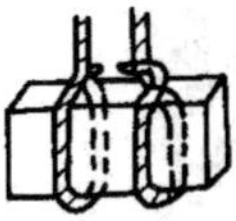	用于重物吊装捆绑，方便牢固安全
15	水手结	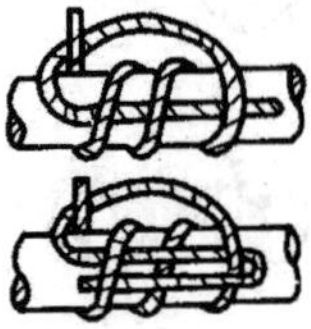	用于吊索直接系结杆件起吊，可自动勒紧，容易解开吊索
16	瓶口结	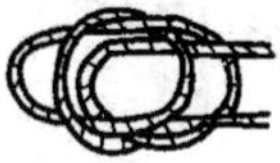	用于拴绑起吊圆柱形杆件，特点是越拉越紧
17	桅杆结		用于竖立桅杆，牢固可靠
18	挂钩结	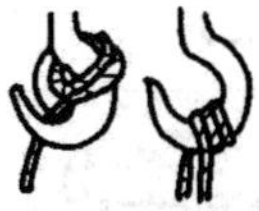	用于起重机挂钩上，特点是结法方便、牢靠，绳套不易滑脱
19	抬缸结	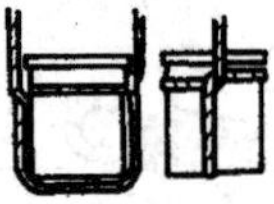	用于抬缸或吊运圆桶物件

四、钢丝绳

（一）钢丝绳特点

钢丝绳广泛应用于起重作业，在建筑行业的起重作业中经常使用的钢丝绳均为圆股钢丝绳。

钢丝绳具有以下特点：

（1）强度高、能承受冲击载荷。

（2）挠性较好，使用灵活。

（3）钢丝绳磨损后，外表会产生许多毛刺，容易检查，破断前有断钢丝等预兆。

（二）钢丝绳术语、标记、分类、保养、维护、安装、检验和报废的有关规定

根据《钢丝绳　术语、标记和分类》（GB/T 8706—2017）、《重要用途钢丝绳》（GB 8918—2006）和《起重机　钢丝绳　保养、维护、安装、检验和报废》（GB/T 5972—2016），钢丝绳的术语、标记、分类、保养、维护、安装、检验和报废有以下规定。

1. 钢丝绳术语

钢丝绳是由至少两层钢丝或多个股围绕一个中心或一个绳芯螺旋捻制而成的结构，分为单捻钢丝绳和多股钢丝绳。

（1）单捻钢丝绳

单捻钢丝绳是由至少两层钢丝围绕一中心圆钢丝、组合股或平行捻股螺旋捻制而成的钢丝绳。其中至少有一层钢丝沿相反方向捻制，即至少有一层钢丝与外层反向捻。

在建筑行业的起重作业中极少使用单捻钢丝绳，因此在此省略介绍。

（2）多股钢丝绳

多股钢丝绳是由多个股围绕一个绳芯（单层股钢丝绳）或一个中心（阻旋转或平行捻密实钢丝绳）螺旋捻制一层或多层的钢丝绳。

在建筑行业的起重作业中经常使用的钢丝绳均为多股钢丝绳，如图 8-1 所示。

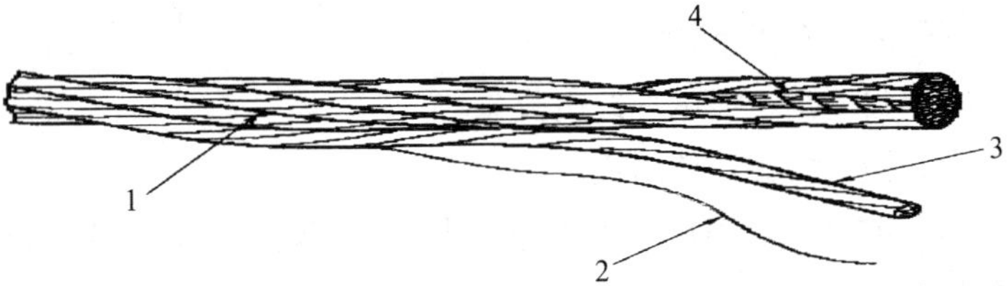

1—钢丝绳；2—钢丝；3—股；4—芯。

图 8-1　多股钢丝绳

1）单层多股钢丝绳：由一层股围绕一个芯螺旋捻制而成的多股钢丝绳，如图 8-2 所示。

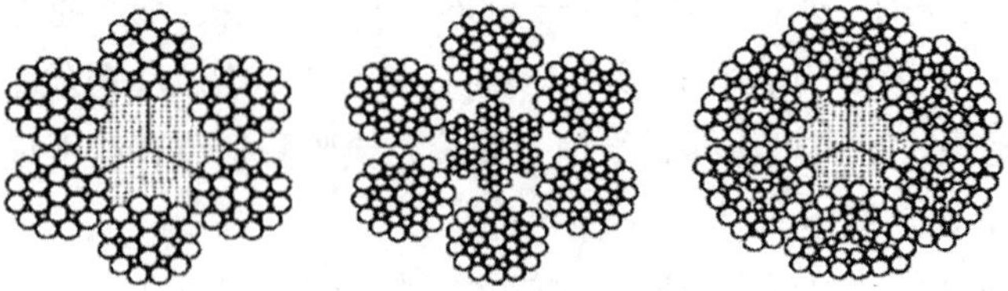

图 8-2　单层多股钢丝绳

2）阻旋转钢丝绳：当承受载荷时能产生减少扭矩或旋转程度的多股钢丝绳，如图 8-3 所示。

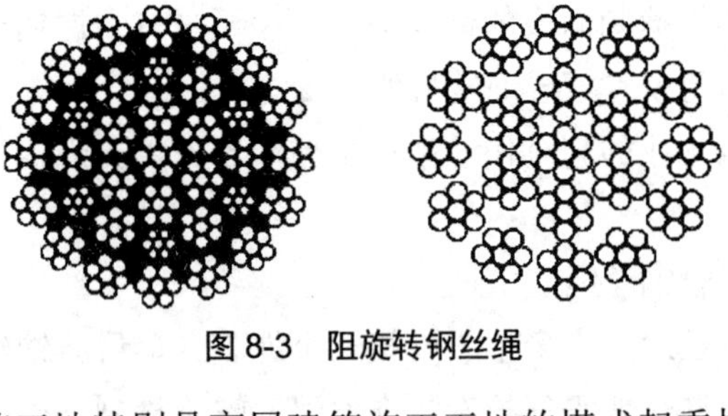

图 8-3　阻旋转钢丝绳

在建筑工地特别是高层建筑施工工地的塔式起重机必须使用阻旋转钢丝绳。

（3）钢丝绳的纤维芯和钢芯

1）纤维芯（FC）是由天然纤维（NFC）或合成纤维

（SFC）组成的芯。

2）钢芯（WC）是由钢丝股（WSC）或独立钢丝绳（IWRC）组成的芯。

（4）钢丝绳捻距（*H*）

钢丝绳捻距是单股钢丝绳的外层钢丝、多股钢丝绳的外层股或缆式钢丝绳的单元钢丝绳围绕钢丝绳轴线旋转一周（或螺旋）且平行于钢丝绳轴线的对应两点间的距离（*H*），如图 8-4 所示。

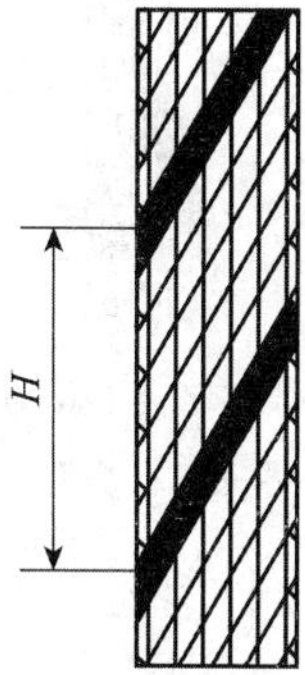

图 8-4　钢丝绳的捻距

（5）钢丝绳捻向（Z，S）

钢丝绳捻向是外层钢丝在单捻钢丝绳中、外层股在多股钢丝绳中或单元钢丝绳在缆式钢丝绳中沿钢丝绳轴线的捻制方向，即右捻（Z）或左捻（S）。

（6）交互捻多股钢丝绳（SZ，ZS）

交互捻多股钢丝绳是钢丝在外层股中的捻制方向与外层股在钢丝绳中的捻制方向相反的多股钢丝绳。

注：第一个字母表示股的捻向，第二个字母表示钢丝绳的捻向，如图 8-5 所示。

（7）同向捻多股钢丝绳（ZZ，SS）

同向捻多股钢丝绳是钢丝在外层股中的捻向与外层股在钢丝绳中的捻向相同的多股钢丝绳。

注：第一个字母表示股的捻向，第二个字母表示钢丝绳的捻向，如图 8-6 所示。

（8）钢丝绳捻制要求

1）钢丝绳应捻制均匀、紧密和不松散。在钢丝绳展开和无负荷的情况下，不得呈波浪状。绳内钢丝不得有交错、折弯和断丝等缺陷，但允许有因变形工卡具压紧造成的钢丝压扁现象存在。

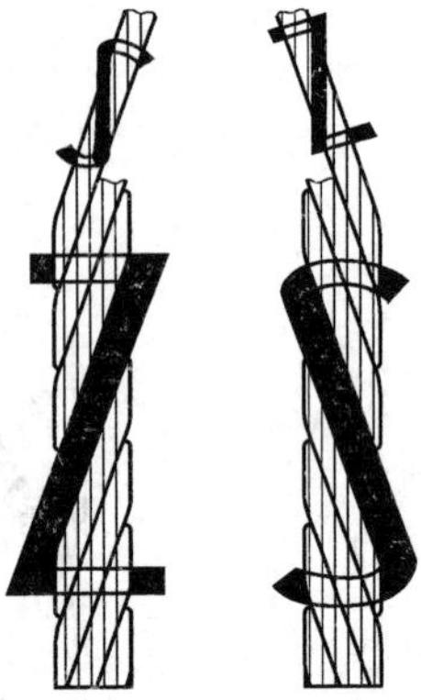

右交互捻(SZ)　左交互捻(ZS)

图 8-5　交互捻多股钢丝绳

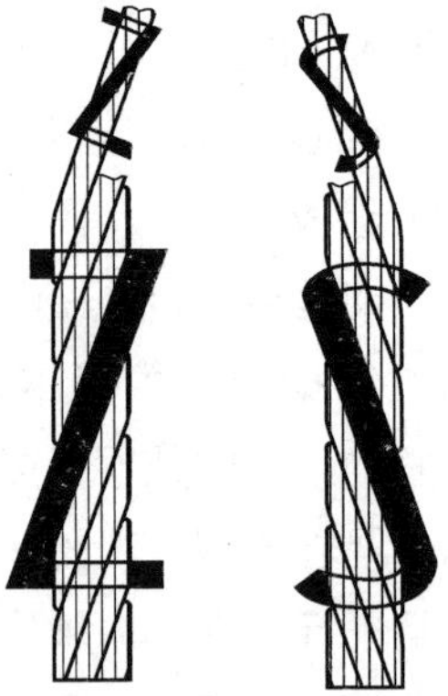

右同向捻(ZZ)　左同向捻(SS)

图 8-6　同向捻多股钢丝绳

2）钢丝绳的绳芯应具有足够的支撑作用，以使外层包捻的股均匀捻制。允许各相邻股之间有较均匀的缝隙。

3）钢丝绳应均匀地连续涂敷防锈润滑油脂；需方要求钢丝绳有增摩性能时，钢丝绳应涂增摩油脂。

2. 钢丝绳标记

按照《钢丝绳　术语、标记和分类》(GB/T 8706—2017)，钢丝绳标记系列由以下内容组成，如图 8-7～图 8-9 所示。

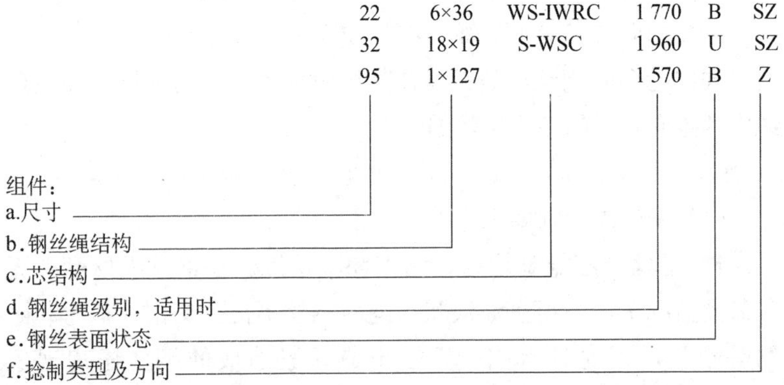

图 8-7　钢丝绳标记系列示例

i. 6× 36WS -SFC
ii. 6× V25 -SFC
iii. 8× 25F -IWRC

组件：
a.外层股数后接乘号
b.股结构标记
c.用短划线“-”将绳芯结构分开

图 8-8　单层多股钢丝绳标记系列示例

i. 17 × 7 -SFC
ii. 18 × 7 -WSC
或者，WSC的结构与其他股的结构相同时
19 × 7
iii. 18 × 19S -WSC
或者，WSC的结构与其他股的结构相同时
19 × 19S
iv. 34 (M) × 7 -SFC
v. 34 (W) × 7 -WSC
或者，WSC的结构与其他股的结构相同时
35 (W) × 7
vi. 34 (W) × K 7 -WSC
vii. 39 (W) × 7 -WSC
或者，WSC的结构与其他股的结构相同时
40 (W) × 7
viii. 10 × Q 10FC -WSC
ix. 19 (M) × Q 26FC -WSC

组件：
a.股的总数
b.股下层钢绳结构类型代号，适用时加圆括号
c.乘号
d.股形状代号，适用时
e.一个外层股的钢丝总数和股结构代号，适用时
f.用短划线“-”将绳芯结构分开

图 8-9　阻旋转钢丝绳标记系列示例

3. 钢丝绳直径的测量方法

钢丝绳的直径应用带有宽钳口的游标卡尺测量，其钳口的宽度要足以跨越两个相邻的股，如图 8-10 所示。

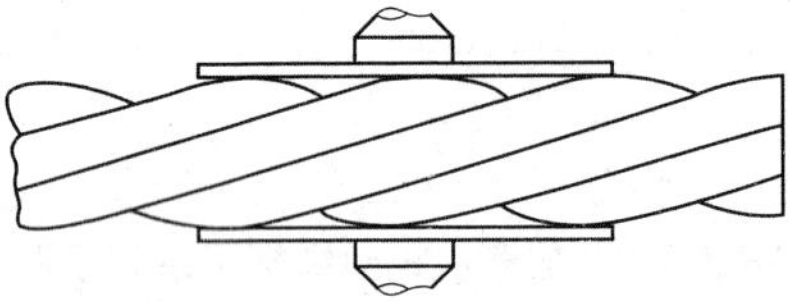

图 8-10　钢丝绳直径的测量方法

测量应在无张力的情况下，于钢丝绳端头 15 m 外的直线部位上进行，在相距至少 1 m 的两截面上，并在同一截面互相垂直测取两个数值，四个测量结果的平均值作为钢丝绳的实测直径。

4. 钢丝绳安装前的施工准备

（1）钢丝绳的置换

一般情况下，起重机上只应安装由起重机制造商指定的具有标准长度、直径、结构和破断拉力的钢丝绳，经起重机设计人员、钢丝绳制造商或有资格人员的准许，才能选择其他钢丝绳。

钢丝绳与卷筒、吊钩轮组或起重机结构的连接只应采用起重机制造商规定的钢丝绳端接装置或同样应经批准的供选方案。

（2）钢丝绳长度

所用钢丝绳的长度应充分满足起重机的使用要求，并且在卷筒上的终端位置应至少保留两圈钢丝绳。根据使用情况，如需从较长的钢丝绳上截取一段时，应对两端断头进行处理；或在切断时，采用适当的方法防止钢丝绳松散，如图 8-11 所示。

（3）起重机和钢丝绳制造商的使用说明书

应遵守在起重机手册和由钢丝绳制造商给出的使用说明书中的规定。在起重机上重新安装钢丝绳之前，应检查卷筒和滑轮上的所有绳槽，确保其完全适合替换的钢丝绳。

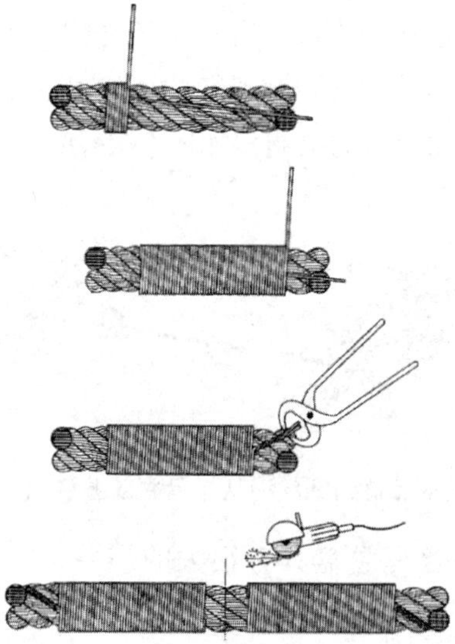

图 8-11　钢丝绳截断之前的施工准备

（4）卸货和储存

为了避免意外事故的发生，钢丝绳应谨慎小心地卸货。卷盘或绳卷既不允许坠落，也不允许用金属吊钩或叉车的货叉插入钢丝绳。

钢丝绳应储存在凉爽、干燥的仓库内，且不应与地面接触。钢丝绳绝不允许储存在易受化学烟雾、蒸气或其他腐蚀剂侵袭的场所。储藏的钢丝绳应定期检查，且如有必要，应对钢丝绳包扎。如果户外储藏不可避免，则钢丝绳应加以覆盖以免湿气导致锈蚀。

从起重机上卸下的待用的钢丝绳应进行彻底地清洁，在储存之前应对每一根钢丝绳进行包扎，长度超过 30 m 的钢丝绳应在卷盘上储存。

5. 钢丝绳安装

（1）展开和安装

当钢丝绳从卷盘或绳卷展开时，应采取各种措施避免绳的扭转或降低钢丝绳扭转的程度。因为钢丝绳扭转可能会在绳内产生结环、扭转或弯曲的状况，为避免发生这种状况，对钢丝绳应采取保持张紧呈直线状态的措施，如图 8-12 所示。

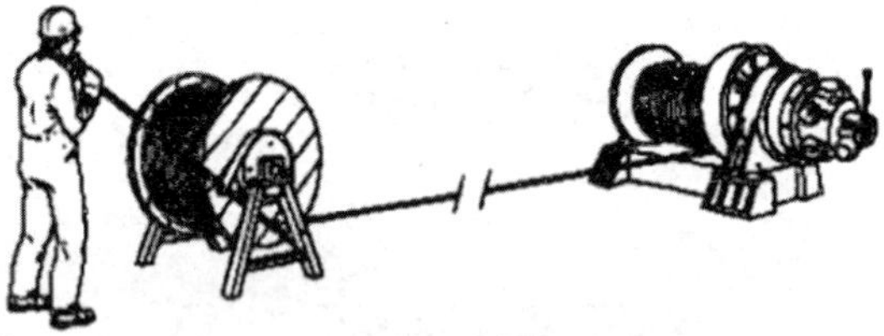

图 8-12　带张紧装置的钢丝绳从卷盘底部缠绕到卷盘底部的示例

因旋转的钢丝绳卷盘具有很大的惯性，故对此需要进行控制，使钢丝绳按顺序缓慢地释放出来。

绳卷中的钢丝绳应从一个卷盘中放出。作为一种选择，在较短长度的绳卷的外部绳端可能呈自由状态而剩余绳段则沿着地面向前滚动，如图 8-13 所示。为搬运方便，内部绳端应首先被固定到邻近的外圈。切勿由平放在地面的绳卷或卷盘释放钢丝绳，图 8-14～图 8-16 为解开钢丝绳的错误方法。

(a) 从绳卷解开　　(b) 从卷盘上解开

图 8-13　解开钢丝绳的正确方法

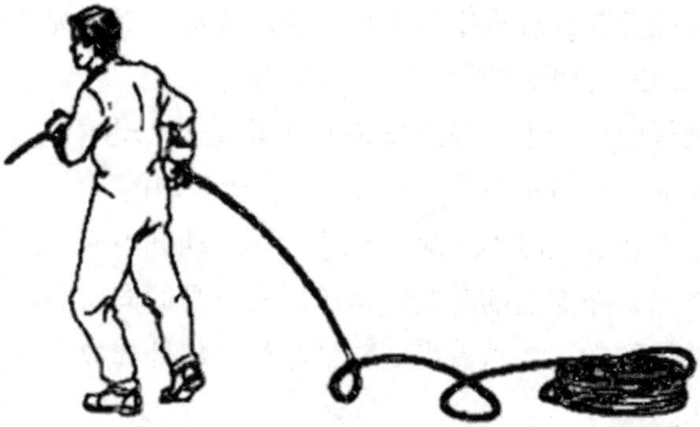

图 8-14　从绳卷解开钢丝绳的错误方法

图 8-15　从卷盘解开钢丝绳的错误方法

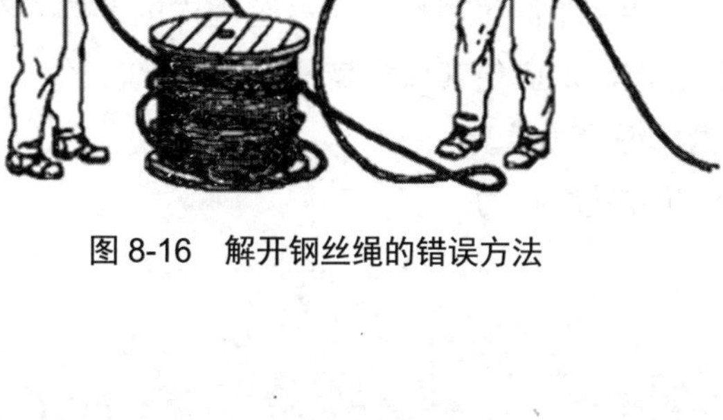

图 8-16　解开钢丝绳的错误方法

钢丝绳在释放过程中应尽可能保持清洁。钢丝绳截断时，应按制造厂商的说明书进行，如图 8-11 所示。

为确保阻旋转钢丝绳的安装无旋紧或旋松现象，应对其特别关注，保证任何切断都是安全可靠和防止松散的。

钢丝绳在安装时不应随意乱放，如转动既不应使之绕进也不应使之绕出。在安装的时候，钢丝绳应总是同向弯曲，如从卷盘顶端到卷筒顶端，或从卷盘底部到卷筒底部处释放均应同向，如图 8-12 所示。

终端固定应特别小心确保安全可靠且应符合起重机手册的规定。

如果在安装期间起重机的任何部分对钢丝绳产生摩擦，则接触部位应采取有效的保护措施。

（2）使用前试运转

钢丝绳在起重机上投入使用之前，施工人员应确保与钢丝绳运行关联的所有装置运转正常。为使钢丝绳及其附件调整到适应实际使用状态，应对机构在低速和大约 10%的额定工作载荷（WLL）的状态下进行多次循环运转操作。

（3）维护

对钢丝绳所进行的维护应与起重机的使用、环境以及所涉及的钢丝绳类型有关。除非起重机或钢丝绳制造商另有指示，否则钢丝绳在安装时应涂以润滑脂或润滑油。使用过程中，钢丝绳应在必要的部位做清洗工作，而对在有规则的时间间隔内重复使用的钢丝绳，特别是绕过滑轮的长度范围内的钢丝绳在显示干燥或锈蚀迹象之前，均应使其保持良好的润滑状态。

6. 钢丝绳受力计算

（1）近似破断拉力

$$S_{破断}=500d^2 \tag{8-5}$$

式中，$S_{破断}$——钢丝绳抗拉强度为 1 570 N/mm^2 时近似破断拉力，N；

d——钢丝绳直径，mm。

（2）允许工作拉力

$$S_{允许}=S_{破断}/k=500d^2/k \quad (8\text{-}6)$$

式中，$S_{允许}$——允许工作拉力，N；

k——钢丝绳使用安全系数，见表 8-3。

表 8-3　钢丝绳的安全系数 k

使用情况	安全系数 k	使用情况	安全系数 k
用于缆风绳	3.5	用作吊索、无弯曲	6～7
用于手动起重	4.5	用作绑扎的吊索	8～10
用于机械起重	5～6	用于载入的升降机	14 以上

使用钢丝绳时，钢丝绳的允许工作拉力必须大于或等于起重量。

[**例**] 用钢丝绳近似破断拉力公式，计算直径 d 为 11 mm，用作捆绑吊索的钢丝绳（k 取 8）的近似破断拉力和允许拉力。

解：（1）钢丝绳的近似破断拉力：$S_{破断}=500d^2=500\times 11^2=500\times 121=60\ 500$（N）

（2）钢丝绳的近似允许拉力：$S_{允许}=S_{破断}/k=500d^2/k=500\times 11^2/8=7\ 562$（N）

7. 钢丝绳使用安全检查

日常外观检查

每个工作日应尽可能对任何钢丝绳的所有可见部位进行观察，目的是发现一般的损坏和变形。应特别注意钢丝绳在起重机上的连接部位，如图 8-17 所示。钢丝绳状态的任何可疑变化情况都应报告，并由主管人员按规定进行检查。

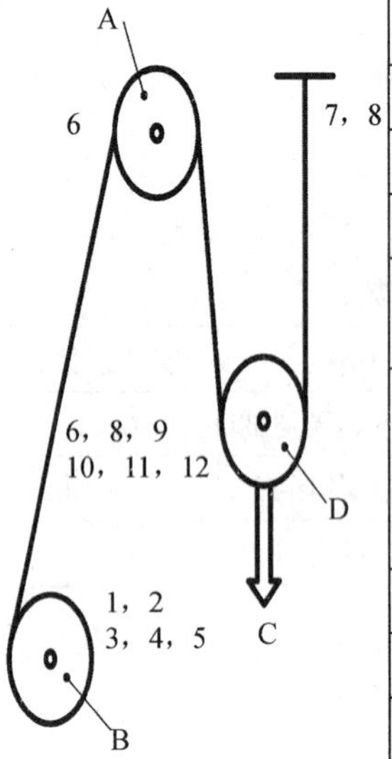

图中位置	检验类型
1	检查卷筒上钢丝绳的终端
2	检查由于不当卷绕引起的变形（部分压扁）和在跃层部位可能的严重磨损
3	检查断丝
4	检查腐蚀情况
5	查找突然加载引起的变形
6	检查绕在滑轮部位钢丝绳的断丝和磨损
7	固定装置点处； 检查断丝和腐蚀； 同样地检查补偿滑轮或邻近的钢丝绳区段
8	察看变形情况
9	检查钢丝绳直径
10	仔细检查绕过滑轮组区段的长度，特别是在受载状态时通过滑轮区段的长度
11	检查断丝和表面磨损
12	检查腐蚀情况

A—定滑轮；B—卷筒；C—载荷；D—动滑轮组。

图 8-17 钢丝绳系统检验鉴定部位的示例和相关缺陷

8. 钢丝绳的报废标准

根据《起重机 钢丝绳 保养、维护、安装、检验和报废》（GB/T 5972—2016），钢丝绳报废标准如下：

（1）断丝的性质和数量

起重机的总体设计不允许钢丝绳有无限长的使用寿命。

对于 6 股和 8 股的钢丝绳，断丝通常发生在外表面。对于阻旋转钢丝绳，断丝大多发生在内部，因而是“非可见的”的断丝。表 8-4 和表 8-5 是把各种因素进行综合考虑后的断丝控制标准。

表 8-4　钢制滑轮上使用的单层股钢丝绳和平行捻密实钢丝绳达到或超过报废标准的可见断丝数

钢丝绳类别号 RCN	外层股中承载钢丝的总数 n	可见断丝的数量					
		在钢制滑轮和/或单层缠绕在卷筒上工作的钢丝绳区段（钢丝断裂随机分布）				多层缠绕在卷筒上工作的钢丝绳区段	
		工作级别 M1～M4 或未知级别				所有工作级别	
		交互捻		同向捻		交互捻和同向捻	
		长度范围大于 $6d$	长度范围大于 $30d$	长度范围大于 $6d$	长度范围大于 $30d$	长度范围大于 $6d$	长度范围大于 $30d$
01	$n \leqslant 50$	2	4	1	2	4	8
02	$51 \leqslant n \leqslant 75$	3	6	2	3	6	12
03	$76 \leqslant n \leqslant 100$	4	8	2	4	8	16
04	$101 \leqslant n \leqslant 120$	5	10	2	5	10	20
05	$121 \leqslant n \leqslant 140$	6	11	3	6	12	22
06	$141 \leqslant n \leqslant 160$	6	13	3	6	12	26
07	$161 \leqslant n \leqslant 180$	7	14	4	7	14	28
08	$181 \leqslant n \leqslant 200$	8	16	4	8	16	32
09	$201 \leqslant n \leqslant 220$	9	18	4	9	18	36
10	$221 \leqslant n \leqslant 240$	10	19	5	10	20	38
11	$241 \leqslant n \leqslant 260$	10	21	5	10	20	42
12	$261 \leqslant n \leqslant 280$	11	22	6	11	22	44
13	$281 \leqslant n \leqslant 300$	12	24	6	12	24	48
	$n > 300$	$0.04n$	$0.08n$	$0.02n$	$0.04n$	$0.08n$	$0.16n$

注：d——钢丝绳公称直径。

表 8-5 在阻旋转钢丝绳中达到或超过报废标准的可见断丝数

钢丝绳类别号 RCN	钢丝绳外层股数和在外层股中承载钢丝总数 n	可见断丝的数量			
		在钢制滑轮和/或单层缠绕在卷筒上工作的钢丝绳区段		多层缠绕在卷筒上工作的钢丝绳区段	
		长度范围大于 6d	长度范围大于 30 d	长度范围大于 6 d	长度范围大于 30 d
21	4 股 $n \leqslant 100$	2	4	2	4
	3 股或 4 股 $n \geqslant 100$	2	4	4	8
	至少 11 个外层股				
23-1	$76 \leqslant n \leqslant 100$	2	4	4	8
23-2	$101 \leqslant n \leqslant 120$	2	4	5	10
23-3	$121 \leqslant n \leqslant 140$	2	4	6	11
24	$141 \leqslant n \leqslant 160$	3	6	6	13
25	$161 \leqslant n \leqslant 180$	4	7	7	14
26	$181 \leqslant n \leqslant 200$	4	8	8	16
27	$201 \leqslant n \leqslant 220$	4	9	9	18
28	$221 \leqslant n \leqslant 240$	5	10	10	19
29	$241 \leqslant n \leqslant 260$	5	10	10	21
30	$261 \leqslant n \leqslant 280$	6	11	11	22
31	$281 \leqslant n \leqslant 300$	6	12	12	24
	$n > 300$	6	12	12	24

注：d——钢丝绳公称直径。

谷部断丝可能表示钢丝绳内部有损坏，需要对该区段钢丝绳作更周密的检验。当在一个捻距内发现两处或多处的谷部断丝时，钢丝绳应考虑报废。

当制订阻旋转钢丝绳报废标准时，应考虑钢丝绳结构、使用长度和钢丝绳使用方式。有关钢丝绳的可见断丝数及其报废标准见表 8-5。

应特别注意出现润滑油发干或变质现象的局部区域。

（2）绳端断丝

绳端或其邻近的断丝，尽管数量很少但表明该处的应力很大，可能是绳端安装不正确所致，应查明损坏的原因。为了继续使用，若剩余的长度足够，应将钢丝绳截短（截去绳端断丝部位）再造终端。否则，钢丝绳应予以报废。

（3）断丝的局部聚集

如断丝紧靠在一起形成局部聚集，则钢丝绳应报废。如这种断丝聚集在小于 $6d$ 的绳长范围内，或者集中在任一支绳股里，那么，即使断丝数比表 8-4 或表 8-5 列出的最大值少，钢丝绳也应予以报废。

（4）断丝的增加率

在某些使用场合，疲劳是引起钢丝绳损坏的主要原因，钢丝绳在使用一个时期之后才会出现断丝，而且断丝数还会随着时间的推移逐渐增加。在这种情况下，为了确定断丝的增加率，建议定期仔细检验并记录断丝数，以此可以推定钢丝绳未来报废的日期。

（5）绳股断裂

如果整支绳股发生断裂，钢丝绳应立即报废。

（6）绳径因绳芯损坏而减小

由于绳芯的损坏引起钢丝绳径减少的主要原因有内部的磨损和钢丝压痕；钢丝绳中各绳股和钢丝之间会因为摩擦而引起内部磨损，特别是在其弯曲时；纤维绳芯的损坏；钢芯的断裂；阻旋转钢丝绳中内层股的断裂。

如果这些因素引起阻旋转钢丝绳实测直径比钢丝绳公称直径减小 3%，或其他类型的钢丝绳减小 10%，即使没有可见断丝，钢丝绳也应予以报废。

（7）外部磨损

钢丝绳外层绳股的钢丝表面的磨损，是由于其在压力作用下与滑轮和卷筒的绳槽接触摩擦造成的。这种现象在吊运载荷加速或减速运动时，在钢丝绳与滑轮接触的时候特别明显，而且表现为外部钢丝被磨成平面状。

润滑不足或不正确的润滑以及灰尘和沙砾会促使磨损加剧。

磨损会使钢丝绳股的横截面积减少从而降低钢丝绳的强度，如果由于外部的磨损使钢丝绳实际直径比其公称直径减少 7%或更多时，即使无可见断丝，钢丝绳也应予以报废。

（8）弹性降低

在某种情况下，通常与工作环境有关，钢丝绳的实际弹性显著降低，继续使用是不安全的。虽未发现可见断丝，但钢丝绳手感会明显僵硬且直径减小，比单纯由于钢丝磨损使直径减小要更严重，这种状态会导致钢丝绳在动载作用下突然断裂，是钢丝绳立即报废的充分理由。

（9）外部腐蚀和内部腐蚀

外部腐蚀：由于腐蚀侵袭及钢材损失而引起的钢丝松弛，是钢丝绳应立即报废的充分理由。

内部腐蚀：如果钢丝绳有任何内部腐蚀的迹象，应对钢丝绳做内部检验。一经确认有严重的内部腐蚀，钢丝绳应立即报废。

（10）变形

钢丝绳失去它的正常形状而产生可见的畸形称为“变形”，这种变形会导致钢丝绳内部应力分布不均匀。当钢丝绳出现以下情况时，应予以报废。

1）波浪形：在出现波浪形的情况时，如果绕过滑轮或卷筒的钢丝绳在任何载荷状态下不弯曲的直线部分应满足以下条件：

$$d_1 > 4d/3$$

或如果绕过滑轮或卷筒的钢丝绳的弯曲部分满足以下条件：

$$d_1 > 1.1d$$

则钢丝绳均应予以报废。

式中，d —— 钢丝绳公称直径；

d_1 —— 钢丝绳变形后包络的直径。

2）笼状畸变：有笼状畸变的钢丝绳应立即报废。

3）绳芯或绳股挤出/扭曲：有绳芯或绳股挤出（隆起）或扭曲的钢丝绳应立即报废。

4）钢丝挤出：是一些钢丝或钢丝束在钢丝绳背对滑轮槽的一侧拱起形成环状的变形。有钢丝挤出的钢丝绳应立即报废。

5）绳径局部增大：钢丝绳直径发生局部增大，并能波及相当长的一段钢丝绳，这种情况通常与绳芯的畸变有关（在特殊环境中，纤维芯由于受潮而膨胀），结果使外层绳股受力不均衡，造成绳股错位。如果这种情况使钢丝绳实际直径增加 5%以上，钢丝绳应立即报废。

6）局部压扁：通过滑轮部分压扁的钢丝绳将会很快损坏，表现为断丝并可能损坏滑轮，严重压扁的钢丝绳应立即报废。位于固定索具中的钢丝绳压扁部位会加速腐蚀，如果继续使用，应按规定的缩短周期对其进行检查。

7）扭结：扭结是由于钢丝绳成环状在不允许绕其轴线转动的情况下被绷紧造成的一种变形。其结果是出现捻距不均而引起过度磨损，严重时钢丝绳将产生扭曲，以致仅存极小的强度。有扭结的钢丝绳应立即报废。

8）弯折：弯折是由外界影响因素引起的钢丝绳的角度变形。有严重弯折的钢丝绳类似钢丝绳的局部压扁，应按“局部压扁”要求处理。

（11）受热或电弧引起的损坏

钢丝绳因异常的热影响作用在外表出现可识别的颜色变化时，应立即报废。

附图 3-1～附图 3-20 展示了每种缺陷的典型事例。当钢丝绳出现附图 3-1～附图 3-20 的缺陷，应予以报废，详见附录三。

9. 钢丝绳吊索

根据《建筑施工起重吊装工程安全技术规范》（JGJ 276—2012），钢丝绳吊索应符合以下规定：

钢丝绳吊索

1）吊索可采用 6×19 系列钢丝绳，但宜用 6×37 系列钢丝绳制作成环式或 8 股头式，其长度和直径应根据吊物的几何尺寸、重量和所用的吊装工具、吊装方法予以确定。使用时可采用单根、双根、三根、四根或多根悬吊索形式，如图 8-18 所示。

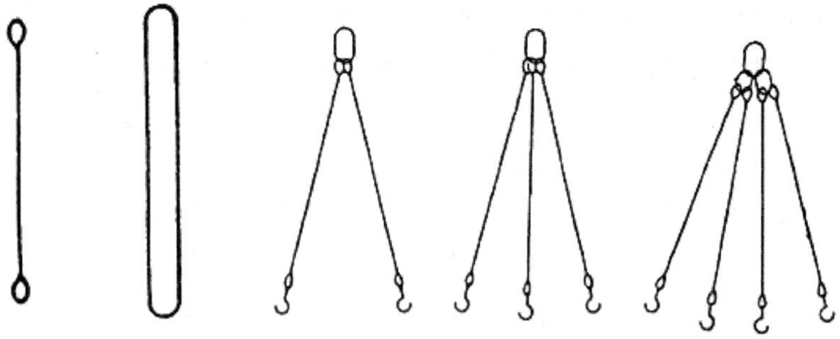

(a)单根吊索 (b)环形吊索 (c)双根吊索 (d)三根吊索 (e)四根吊索

图 8-18 单根、双根、三根、四根或多根悬吊索形式

2）吊索钢丝绳力学性能应符合表 8-6、表 8-7 的规定。

表 8-6　6×19 系列钢丝绳力学性能

钢丝绳公称直径	钢丝绳近似重量/（kg/100m）			钢丝绳公称抗拉强度/MPa									
				1 570		1 670		1 770		1 870		1 960	
				钢丝绳最小破断拉力/kN									
D/mm	天然纤维芯钢丝绳	合成纤维芯钢丝绳	钢芯钢丝绳	纤维芯钢丝绳	钢芯钢丝绳	纤维芯钢丝绳	钢芯钢丝绳	纤维芯钢丝绳	钢芯钢丝绳	纤维芯钢丝绳	钢芯钢丝绳	纤维芯钢丝绳	钢芯钢丝绳
12	53.10	51.80	58.40	74.60	80.50	79.40	85.60	84.10	90.70	89.90	95.90	93.10	100.00
13	62.30	60.80	68.50	87.50	94.40	93.10	100.00	98.70	106.00	104.00	113.00	109.00	118.00
14	72.20	70.50	79.50	101.00	109.00	108.00	117.00	114.00	124.00	121.00	130.00	127.00	137.00
16	94.40	92.10	104.00	133.00	143.00	141.00	152.00	149.00	161.00	157.00	170.00	166.00	179.00
18	119.00	117.00	131.00	167.00	181.00	178.00	192.00	189.00	204.00	199.00	215.00	210.00	226.00
20	147.00	144.00	162.00	207.00	223.00	220.00	237.00	233.00	252.00	246.00	266.00	259.00	279.00
22	178.00	174.00	196.00	250.00	270.00	266.00	287.00	282.00	304.00	298.00	322.00	313.00	338.00
24	212.00	207.00	234.00	298.00	321.00	317.00	342.00	336.00	362.00	355.00	383.00	373.00	402.00
26	249.00	243.00	274.00	350.00	377.00	372.00	401.00	394.00	425.00	417.00	450.00	437.00	472.00

续表

钢丝绳公称直径	钢丝绳近似重量/（kg/100m）			钢丝绳公称抗拉强度/MPa									
				1 570		1 670		1 770		1 870		1 960	
				钢丝绳最小破断拉力/kN									
D/mm	天然纤维芯钢丝绳	合成纤维芯钢丝绳	钢芯钢丝绳	纤维芯钢丝绳	钢芯钢丝绳	纤维芯钢丝绳	钢芯钢丝绳	纤维芯钢丝绳	钢芯钢丝绳	纤维芯钢丝绳	钢芯钢丝绳	纤维芯钢丝绳	钢芯钢丝绳
28	289.00	282.00	318.00	406.00	438.00	432.00	466.00	457.00	494.00	483.00	521.00	507.00	547.00
30	332.00	324.00	365.00	466.00	503.00	495.00	535.00	525.00	567.00	555.00	599.00	582.00	628.00
32	377.00	369.00	415.00	530.00	572.00	564.00	608.00	598.00	645.00	631.00	681.00	662.00	715.00
34	426.00	416.00	469.00	598.00	646.00	637.00	687.00	675.00	728.00	713.00	769.00	748.00	807.00
36	478.00	466.00	525.00	671.00	724.00	714.00	770.00	756.00	816.00	799.00	862.00	838.00	904.00
38	532.00	520.00	585.00	748.00	807.00	795.00	858.00	843.00	909.00	891.00	961.00	934.00	1 010.00
40	590.00	576.00	649.00	828.00	894.00	881.00	951.00	934.00	1 000.00	987.00	1 060.00	1 030.00	1 120.00

注：钢丝绳公称直径允许偏差 0～5%。

表 8-7 6×37 系列钢丝绳力学性能

钢丝绳公称直径	钢丝绳近似重量/（kg/100m）			钢丝绳公称抗拉强度/MPa									
				1 570		1 670		1 770		1 870		1 960	
				钢丝绳最小破断拉力/kN									
D/mm	天然纤维芯钢丝绳	合成纤维芯钢丝绳	钢芯钢丝绳	纤维芯钢丝绳	钢芯钢丝绳	纤维芯钢丝绳	钢芯钢丝绳	纤维芯钢丝绳	钢芯钢丝绳	纤维芯钢丝绳	钢芯钢丝绳	纤维芯钢丝绳	钢芯钢丝绳
12	54.70	53.40	60.20	74.60	80.50	79.40	85.60	84.10	90.70	88.90	95.90	93.10	100.00
13	64.20	62.70	70.60	87.50	94.40	93.10	100.00	98.70	106.00	104.00	113.00	109.00	118.00
14	74.50	72.70	81.90	101.00	109.00	108.80	117.00	114.00	124.00	121.00	130.00	127.00	137.00
16	97.30	95.00	107.00	133.00	143.00	141.00	152.00	149.00	161.00	157.00	170.00	166.00	179.00
18	123.00	120.00	135.00	167.00	181.00	178.00	192.00	189.00	204.00	199.00	215.00	210.00	226.00
20	152.00	148.00	167.00	207.00	223.00	220.00	237.00	233.00	252.00	246.00	266.00	259.00	279.00
22	184.00	180.00	202.00	250.00	270.00	266.00	287.00	282.00	304.00	298.00	322.00	313.00	338.00
24	219.00	214.00	241.00	298.00	321.00	317.00	342.00	336.00	362.00	355.00	383.00	373.00	402.00
26	257.00	251.00	283.00	350.00	377.00	372.00	401.00	394.00	425.00	417.00	450.00	437.00	472.00
28	298.00	291.00	328.00	406.00	438.00	432.00	466.00	457.00	494.00	483.00	521.00	507.00	547.00
30	342.00	334.00	376.00	466.00	503.00	495.00	535.00	525.00	567.00	555.00	599.00	582.00	628.00

续表

钢丝绳公称直径	钢丝绳近似重量/（kg/100m）			钢丝绳公称抗拉强度/MPa									
				1 570		1 670		1 770		1 870		1 960	
				钢丝绳最小破断拉力/kN									
D/mm	天然纤维芯钢丝绳	合成纤维芯钢丝绳	钢芯钢丝绳	纤维芯钢丝绳	钢芯钢丝绳	纤维芯钢丝绳	钢芯钢丝绳	纤维芯钢丝绳	钢芯钢丝绳	纤维芯钢丝绳	钢芯钢丝绳	纤维芯钢丝绳	钢芯钢丝绳
32	389.00	380.00	428.00	530.00	572.00	564.00	608.00	598.00	645.00	631.00	681.00	662.00	715.00
34	439.00	429.00	483.00	598.00	646.00	637.00	687.00	675.00	728.00	713.00	769.00	748.00	807.00
36	492.00	481.00	542.00	671.00	724.00	714.00	770.00	756.00	816.00	799.00	862.00	838.00	904.00
38	549.00	536.00	604.00	748.00	807.00	795.00	858.00	843.00	909.00	891.00	961.00	934.00	1 010.00
40	608.00	594.00	669.00	828.00	894.00	881.00	951.00	934.00	1 000.00	987.00	1 060.00	1 030.00	1 120.00
42	670.00	654.00	737.00	913.00	985.00	972.00	1 040.00	1 030.00	1 110.00	1 080.00	1 170.00	1 140.00	1 230.00
44	736.00	718.00	809.00	1 000.00	1 080.00	1 060.00	1 150.00	1 130.00	1 210.00	1 190.00	1 280.00	1 250.00	1 350.00
46	804.00	785.00	884.00	1 090.00	1 180.00	1 160.00	1 250.00	1 230.00	1 330.00	1 300.00	1 400.00	1 370.00	1 480.00
48	876.00	855.00	963.00	1 190.00	1 280.00	1 260.00	1 360.00	1 340.00	1 450.00	1 420.00	1 530.00	1 490.00	1 610.00
50	950.00	928.00	1 040.00	1 290.00	1 390.00	1 370.00	1 480.00	1 460.00	1 570.00	1 540.00	1 660.00	1 620.00	1 740.00

续表

钢丝绳公称直径	钢丝绳近似重量/（kg/100m）			钢丝绳公称抗拉强度/MPa									
				1 570		1 670		1 770		1 870		1 960	
				钢丝绳最小破断拉力/kN									
D/mm	天然纤维芯钢丝绳	合成纤维芯钢丝绳	钢芯钢丝绳	纤维芯钢丝绳	钢芯钢丝绳	纤维芯钢丝绳	钢芯钢丝绳	纤维芯钢丝绳	钢芯钢丝绳	纤维芯钢丝绳	钢芯钢丝绳	纤维芯钢丝绳	钢芯钢丝绳
52	1 030.00	1 000.00	1 130.00	1 400.00	1 510.00	1 490.00	1 600.00	1 570.00	1 700.00	1 660.00	1 800.00	1 750.00	1 890.00
54	1 110.00	1 080.00	1 220.00	1 510.00	1 620.00	1 600.00	1 730.00	1 700.00	1 830.00	1 790.00	1 940.00	1 890.00	2 030.00
56	1 190.00	1 160.00	1 310.00	1 620.00	1 750.00	1 720.00	1 860.00	1 830.00	1 970.00	1 930.00	2 080.00	2 030.00	2 190.00
58	1 280.00	1 250.00	1 410.00	1 740.00	1 880.00	1 850.00	1 990.00	1 960.00	2 110.00	2 070.00	2 240.00	2 180.00	2 350.00
60	1 370.00	1 340.00	1 500.00	1 860.00	2 010.00	1 980.00	2 140.00	2 100.00	2 260.00	2 220.00	2 400.00	2 330.00	2 510.00

注：钢丝绳公称直径允许偏差 0～5%。

3）吊索的绳环或两端的绳套可采用压接接头，压接接头的长度不应小于钢丝绳直径的20倍，且不应小于300 mm。

8股头吊索两端的绳套可根据工作需要装上桃形环、卡环或吊钩等吊索附件，如图8-19所示。

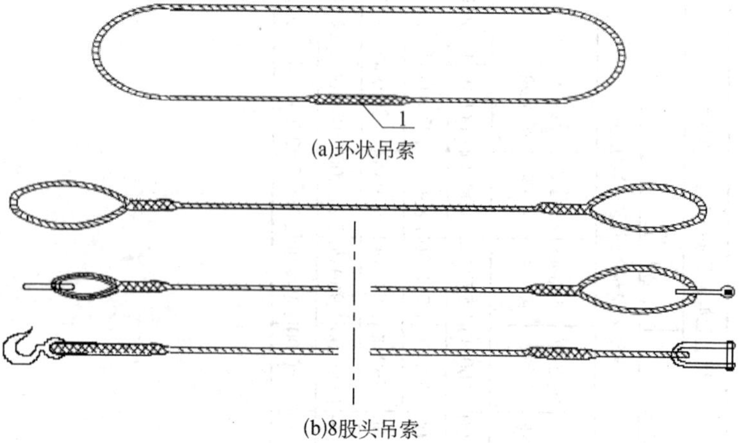

图8-19　吊索

4）当利用吊索上的吊钩、卡环钩挂重物上的起重吊环时，吊索的安全系数不应小于6；当用吊索直接捆绑重物，且吊索与重物棱角间采取了妥善的保护措施时，安全系数应取8～10；当吊重、大或精密的重物时，除应采取妥善保护措施外，安全系数应取10。

5）吊索与所吊构件间的水平夹角宜大于45°。

6）吊索的计算拉力及选择应符合表8-8和表8-9的规定。

10. 钢丝绳绳端连接的方法

钢丝绳绳端连接的方法主要包括锥形套、绳夹及插接等形式，绳端连接时应选用与绳径相应的锥形套、绳夹和插接方法，各种绳端连接形式的连接强度见表8-10。

表 8-8　吊索的拉力计算表

简图	夹角α	吊索拉力 F	水平压力 H
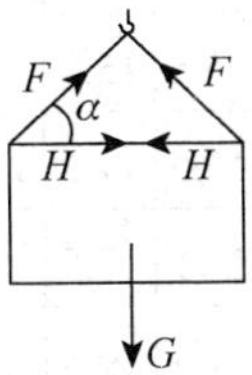	30°	1.00G	0.87G
	35°	0.87G	0.71G
	40°	0.78G	0.60G
	45°	0.71G	0.50G
	50°	0.65G	0.42G
	55°	0.61G	0.35G
	60°	0.58G	0.29G
	65°	0.56G	0.24G
	70°	0.53G	0.18G
	75°	0.52G	0.13G
	80°	0.51G	0.09G

注：G——构件重力。

表 8-9　吊索的选择

钢丝绳根数	1	2	4	2			4			8		
			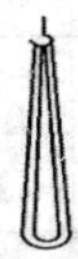	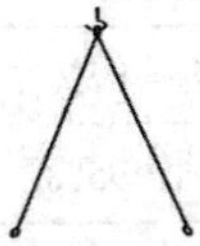			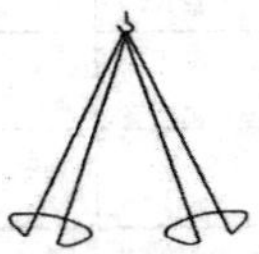			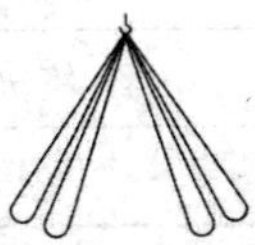		
重物自重/kN	吊索钢丝绳与重物的水平夹角											
	90°			60°	45°	30°	60°	45°	30°	60°	45°	30°
	吊索的钢丝绳直径/mm											
10	15.5	11	11	13	13	15.5	11	11	11	11	11	11
20	22	15.5	11	17.5	19.5	22	13	13	15.5	11	11	11
30	26	19.5	13	19.5	22	26	15.5	15.5	19.5	11	11	13
40	30.5	22	15.5	24	26	30.5	17.5	19.5	22	13	13	15.5

续表

重物自重/kN	吊索钢丝绳与重物的水平夹角											
	90°			60°	45°	30°	60°	45°	30°	60°	45°	30°
	吊索的钢丝绳直径/mm											
50	35	24	17.5	26	28.5	35	19.5	19.5	24	13	15.5	17.5
60	37	26	19.5	28.5	30.5	37	19.5	22	26	15.5	15.5	19.5
70	43.5	28.5	19.5	30.5	35	43.5	22	24	28.5	15.5	17.5	19.5
80	43.5	30.5	22	32.5	37	43.5	24	26	30.5	17.5	17.5	22
90	47.5	32.5	24	35	39	47.5	24	28.5	32.5	17.5	19.5	24
100	47.5	35	24	37	43.5	47.5	26	28.5	35	19.5	22	24
150	60.5	43.5	30.5	39	52	60.5	32.5	35	43.5	24	26	30.5
200	—	47.5	35	47.5	56.5	—	37	43.5	47.5	26	28.5	35

表 8-10　绳端连接强度

绳端连接形式	连接强度	说明
锥形套	100%	浇铸铅、锌液
绳夹	80%～85%	正确安装 80%
插接	75%～95%	随绳径增大而减小

（1）钢丝绳绳端的锥形套连接

吊索绳端锥形套连接均由生产厂家按要求进行加工制作，其一般在吊索不需要弯曲的情况下使用。

（2）钢丝绳绳端的绳夹连接

1）采用绳夹连接时，根据《钢丝绳夹》（GB/T 5976—2006），绳夹数量不得少于 3 个，绳夹数量与绳径有关，见表 8-11。

表 8-11　绳夹数量与绳径

钢丝绳直径/mm	≤18	18～26	26～36	36～44	44～60
最少绳夹数量	3	4	5	6	7

2）钢丝绳夹的安装方向：U 形螺栓扣在钢丝绳的尾端上，钢丝绳夹不得在钢丝绳上交替布置。图 8-20 为钢丝绳夹实物图，图 8-21 为绳夹的 U 形螺栓扣在钢丝绳受力一侧的错误安装。

图 8-20　钢丝绳夹

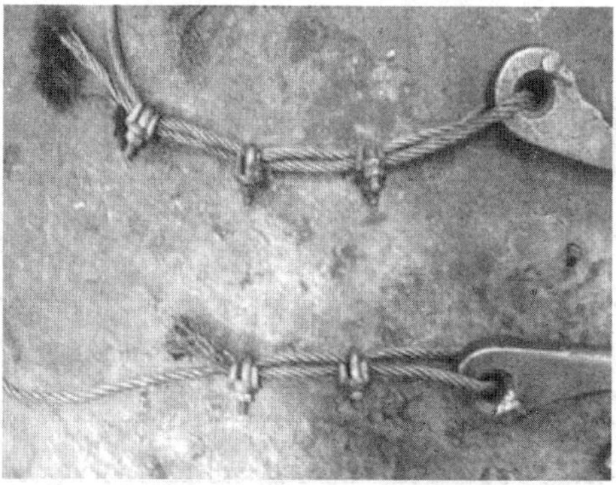

图 8-21　绳夹的错误安装

3）绳夹的安装间距：绳夹应等间距安装，间距为钢丝绳直径的 6 倍，绳头距最后一个绳夹的长度不小于 140 mm，并采用细钢丝捆扎，如图 8-22 所示。

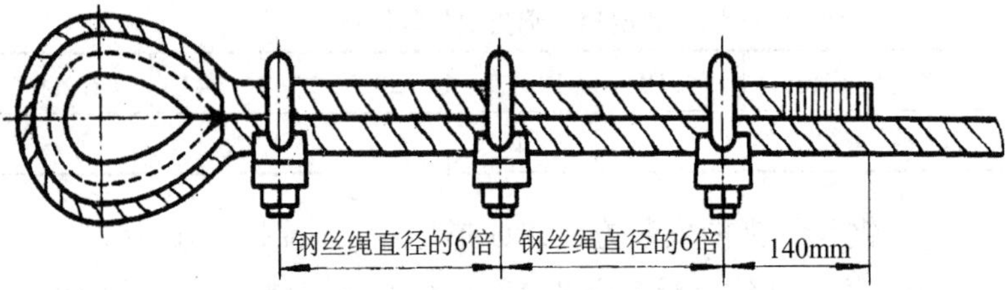

图 8-22　钢丝绳夹的正确布置方法

4）绳夹安装时的压紧度以绳夹 U 形螺栓压扁钢丝绳非受力绳 1/3 为宜。

（3）钢丝绳绳端的插接连接

当需要钢丝绳制成两头带有环套的吊索时，则要把绳头插接入绳中。

1）插接绳索的各部分尺寸，见表 8-12。

表 8-12　插接绳索的各部分尺寸

钢丝绳直径/mm	破头长度/mm	绳扣长度/mm	插接长度/mm
9	400	200	200
10～13	450	250	250
15～18	600	300	300
19.5	700	350	400
21.5	800	400	450
24～26	900	450	500
28～30	1 300	500	750
32.5～39	1 500	600	850

注：破头长度：绳端需散股部分长度；
绳扣长度：绳扣环自然状态下的长度；
插接长度：绳头编插入绳中的长度。

2）钢丝绳的插接方法。

插接绳扣的钢丝绳，一般采用6×37交互捻的钢丝绳。这样钢丝绳的丝数较多，柔性好，插接起来省力。本书重点介绍一进三编的插接方法。

所谓一进三编，是指被编接的钢丝绳起头的第一缝分别插入破头1、2、3股，然后在相邻缝依次插入4、5、6股，完成起头插接；再依次将1、2、3、4、5、6股顺缝插入直至满足相应插接长度的要求。当绳有纤维绳芯时，绳芯在随第一股进行第一次插穿后，将露出外面的部分切掉，如图8-23所示。

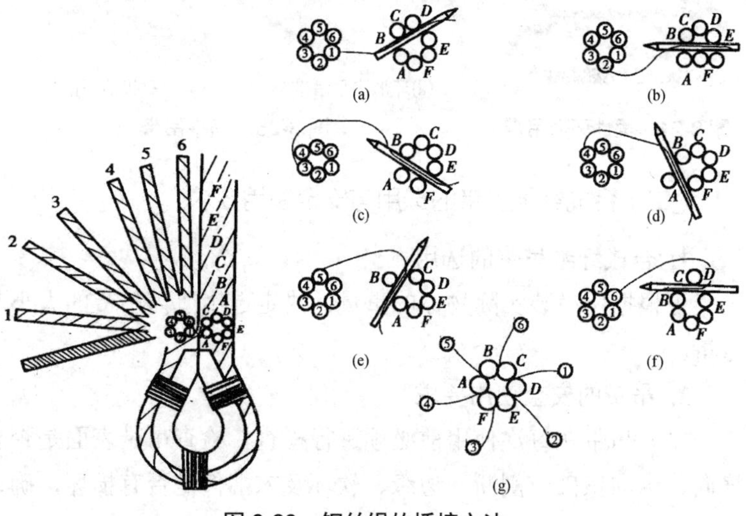

图8-23　钢丝绳的插接方法

五、合成纤维吊带

合成纤维吊带轻便柔软，主要适用于精密仪器，表面要求较严格的物件的吊装，因其具有易于操作，对物件表面无损伤，使用寿命长等优点已逐步取代钢丝绳索具和链条索具。吊带采用优质的高强度聚酯工业长丝为原料，重量轻、不导电、不腐蚀。日常安全检查简单直观。用标准色来区分承载吨位，容易辨认。

（一）柔性环形吊带和扁平吊带

（1）柔性环形吊带：由多股捻成承载芯并封闭在护套里的吊带，如图 8-24 所示。

（2）扁平吊带：由无梭机一次织成并经染整加工成型吊带，可分为环形扁平吊带、双扣扁平吊带，如图 8-25 所示。

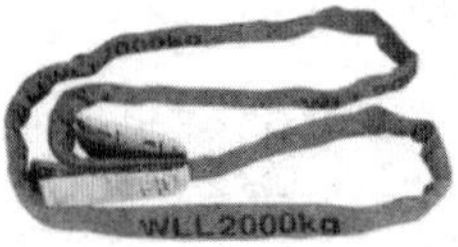

图 8-24　柔性环形吊带

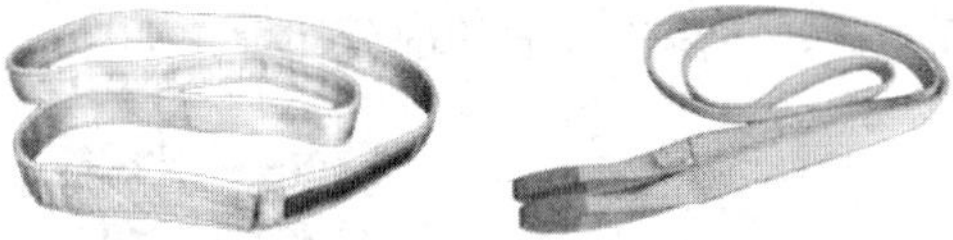

(a)环形扁平吊带　(b)双扣扁平吊带

图 8-25　扁平吊带

（二）合成纤维吊带的选用与安全使用要求

1. 合成纤维吊带的选用

可根据所吊装实际物体的重量，决定选用所需吊带的大小起重量。

2. 吊带的安全使用要求

（1）吊带在每次使用前必须进行检查，检查吊带表面是否有横向、纵向擦破或割断，边缘、软环及末端件是否有损坏，确认吊带良好后方可进行吊运。

（2）吊运工件表面应平滑，不得有尖角、毛刺和棱边，否则应使用吊带专用护套和护角。禁止用吊带直接吊运有尖角、毛刺和棱边的物件。

（3）在移动吊带和货物时，吊带不准随地拖曳，以免损坏吊带表面。

（4）不得在打结或打拧的状态下吊运。

（5）禁止吊带长时间悬挂货物。

（6）吊运过程中不得改变受载状况。如需几支吊带同时使用时，荷载尽可能分布在每支吊带上。

（7）禁止用打结的方式来连接或接长吊带。

（8）吊带在使用中尽量避免酸、碱等化学物品的接触，避免在高温和有火星飞溅的场所使用。如吊带被弄脏或在有酸、碱的环境中使用后，应立即用凉水冲洗干净。

（9）不使用时，应将吊带放置在专用存放架（处）。吊带不堆放置在明火、有明火作业或其他热源附近，不准长时间放置在烈日下。

（10）每天使用完毕，应将吊带上的油污等用清水擦拭干净后放置在专用存放架上。

（三）合成纤维吊装带的报废标准

（1）当吊带表面损坏时，如吊带被尖物划伤，吊带边缘割断等。

（2）无标记、标牌或标记、标牌不清楚时。

（3）当与吊带原有颜色改变较大时。

（4）当软环缝合处出现撕开时。

（5）当末端出现变形、裂纹时。

（6）当绳、带粗细出现变化时。

（7）当绳、带长度出现变化时。

（8）长期存放超过 1 年时。

（9）长期露天作业，露天存放超过半年。

第二节　起重横吊梁

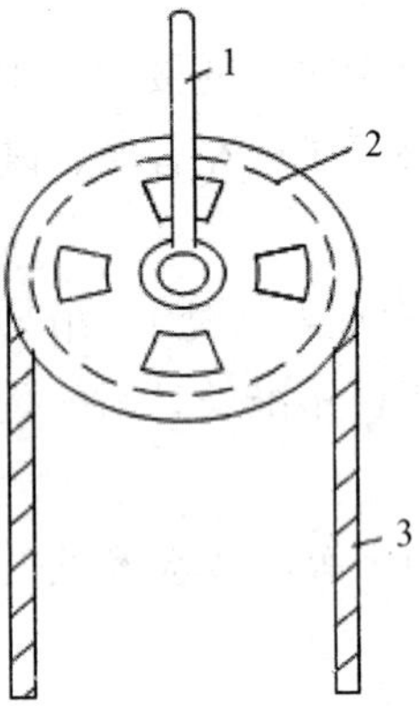

1—吊环；2—滑轮；3—吊索。

图 8-26　滑轮横吊梁

起重横吊梁应采用 Q235 钢材，必须经过设计计算，并应设计制作。起重横吊梁一般有滑轮横吊梁、钢板横吊梁、钢管横吊梁三种，如图 8-26～图 8-28 所示。

根据《起重机械吊具与索具安全规程》（LD 48—1993），起重横吊梁应符合以下规定：

（1）横吊梁的安全系数不得小于 4，横吊梁的吊钩、夹钳、电磁吸盘、料耙等吊具应用安全可靠的方法进行连接，且不得降低横吊梁、吊具原有的机械性能。

（2）横吊梁上的吊具应对称地分布，且横吊梁与吊具承载点之间的垂直距离应相等，以保证横梁在承载和空载时能保持平衡状态。

（3）吊运液态金属盛钢桶的横吊梁，在液态金属侧宜装防热辐射的隔热板。

（4）当横吊梁直接挂入起重机承载吊钩使用时，起重机吊钩宜设置意外脱钩的闭锁装置。

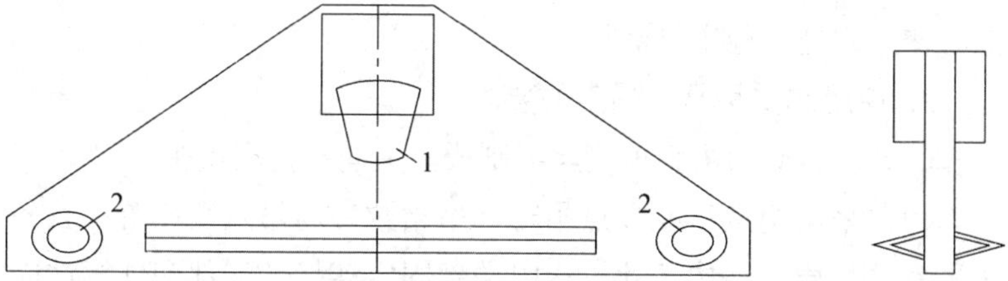

1—挂钩孔；2—挂卡环孔

图 8-27　钢板横吊梁

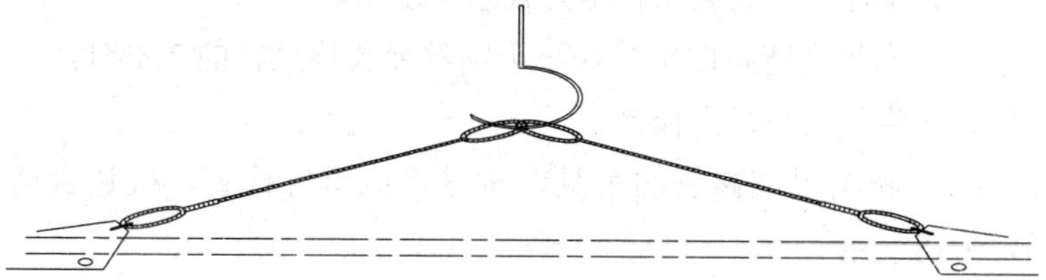

图 8-28　钢管横吊梁

第三节　使用起重吊具与索具的要求

1. 起重吊具与索具的要求

（1）起重吊具与索具产品应符合《起重机械吊具与索具安全规程》（LD 48—1993）的规定；

（2）起重吊具与索具应与吊重种类、吊运具体要求以及环境条件相适应；

（3）作业前应对吊具与索具进行检查，当确认完好时方可投入使用；

（4）起重吊具承载时不得超过额定起重量，吊索（含各分肢）不得超过安全工作载荷；

（5）塔式起重机吊钩的吊点，应与吊重重心在同一条铅垂线上，使吊重处于稳定平衡状态。

2. 使用起重吊具与吊索的要求

（1）吊索必须由整根钢丝绳制成，中间不得有接头。

（2）采用两点吊或多点吊时，吊索数宜与吊点数相符，且各根吊索的材质、结构尺寸、索眼端部固定连接、端部配件等性能应相同。

（3）钢丝绳严禁采用打结方式系结吊物。

（4）当吊索弯折曲率半径小于钢丝绳公称直径的 2 倍时，应采用卸扣将吊索与吊点拴接。

（5）新购置或修复的吊具、索具，应进行检查，确认合格后，方可使用。

（6）吊具、索具在每次使用前应进行检查，经检查确认符合要求的，方可继续使用。当发现有缺陷时，应停止使用。

（7）吊具与索具每半年都应进行定期检查，并应做好记录。检验记录应作为继续使用、维修或报废的依据。

3. 在起重吊装作业中用吊具或吊索吊运物体时应掌握的专业知识

（1）吊绳间的夹角越大，张力越大，单根吊绳的受力也越大；反之，吊绳间的夹角越小，吊绳的受力也越小，吊绳间夹角不应超过 120°。

（2）捆绑方形物体起吊时，吊绳间的夹角有可能达到 170°左右，此时钢丝绳受到的拉力会达到所吊物体重量的 5～6 倍，很容易拉断钢丝绳，如图 8-29 所示。

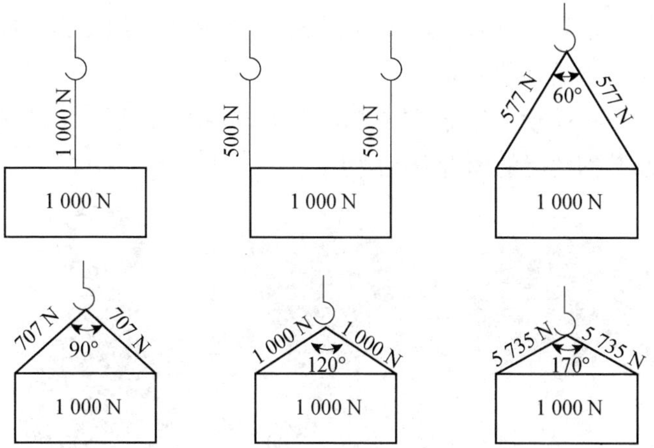

图 8-29　吊索分支拉力计算数据

第四节　滑轮与滑轮组

一、滑轮的类型和用途

在起重吊装作业中，常使用滑轮或滑轮组配合卷扬机进行工作。由于滑轮或滑轮组的灵活性、适用性，在一些施工现场狭窄的特殊场合仍是一种必不可少的起重工具。

滑轮的类型按其组成部分的滑轮数目分为单滑轮、双滑轮和多滑轮，如图 8-30 所示。按其在起重作业中的作用不同，可分为定滑轮、动滑轮和导向滑轮，定滑轮和动滑轮组合称为滑轮组。

定滑轮在起重作业中起保持重物的平衡、支持承重钢丝绳的升降运动和改变绳索拉力方向的作用，不起省力作用。

动滑轮在起重作业中一般只起省力和承重作用。

导向滑轮根据起重作业的需要，能改变钢丝绳受力方向或改变被牵引物的运动方向。

一个单轮动滑轮能够节省一半的起升拉力，那么动滑轮数越多，起升钢丝绳的牵引力也越小。

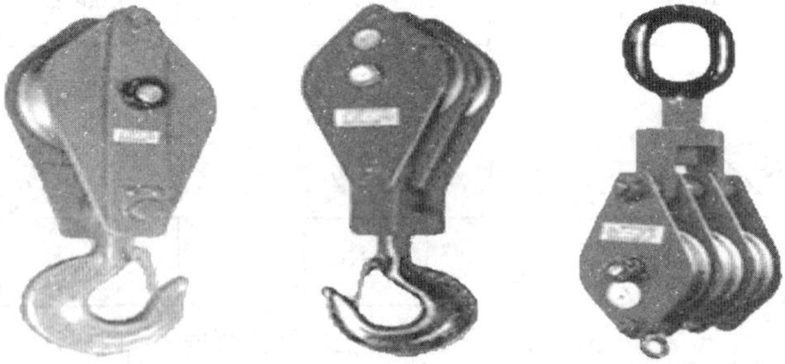

(a) 单滑轮　(b) 双滑轮　(c) 多滑轮

图 8-30　滑轮的类型

二、滑轮组钢丝绳的穿绕

起重滑轮组钢丝绳的穿绕方法对滑轮组的运转非常重要，当滑车轮数较多时，若穿绕不当，提升时会使滑轮产生歪扭，甚至使重物下降时阻力过大产生自锁现象，也可能发生由于钢丝绳传力不畅，使滑轮组中的钢丝绳局部松弛，引起突然冲击，严重时会使钢丝绳断裂而造成事故。

滑轮组钢丝绳的穿绕法可以分为顺穿法和花穿法两种。顺穿法分为单跑头顺穿法和双跑头顺穿法。花穿法分为小花穿法和大花穿法。顺穿法和花穿法见表 8-13。

表 8-13　顺穿法和花穿法

方法	简图	说明
单跑头顺穿法	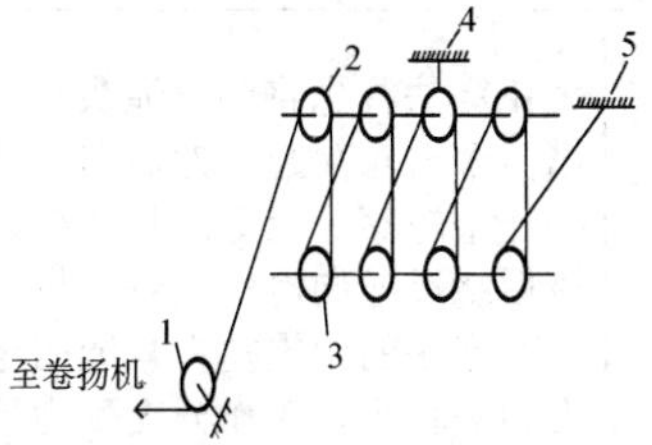 1—导向滑轮；2—定滑轮； 3—动滑轮；4—定滑轮固定； 5—绳头固定	绳端头从边滑轮按顺序逐个绕过定滑轮和动滑轮，将绳头固定于末端的定滑轮架上，一般在 5 门以下常用此穿法。 单跑头顺穿法的特点是简单易穿，但在吊装时由于连向卷扬机的引出钢丝绳拉力最大，绳头端的拉力最小，每一个滑轮受力不同，因此常出现滑轮偏斜、工作不平衡，对吊装操作不利
双跑头顺穿法	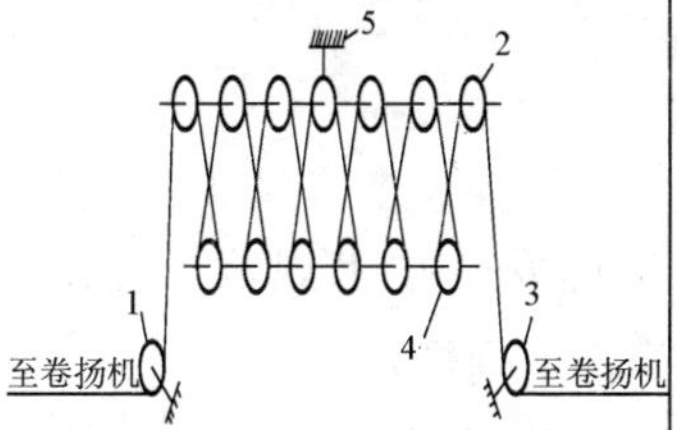 1，3—导向滑轮；2—定滑轮； 4—动滑轮；5—定滑轮固定	在吊装重型设备或构件时，双头顺穿法比较有利，它的主要优点是滑轮工作平衡，避免滑轮偏斜，并可减少滑落运行阻力，加快吊装速度。 双跑头顺穿法的定滑轮的个数一般宜采用奇数，并以当中的转轮作平衡轮，如两台卷扬机卷绕线速相等，平衡轮可不转动，滑轮也无偏扭，但两台卷扬机必须等速卷绕
小花穿法	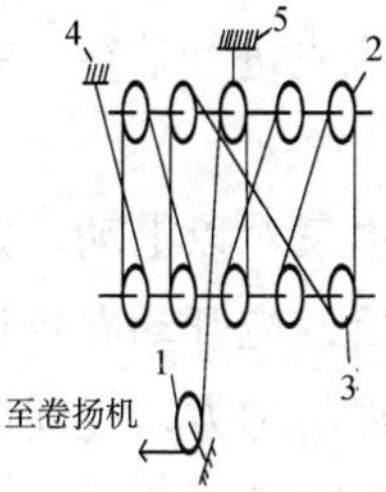 1—导向滑轮；2—定滑轮； 3—动滑轮；4—绳头固定； 5—定滑轮固定	小花穿法首先是将钢丝绳的绳头从定滑轮中间开始，向轮滑组一侧按顺序穿绕定滑轮和动滑轮，当穿完动滑轮的最外边滑轮后，把绳头引向定滑轮的中间，再向另一侧按顺序穿满定滑轮和动滑轮，最后将绳头固定在定滑轮的尾部吊环上。这种穿绕方法，在使用中左右两边滑轮的旋转方向相反，先穿的滑轮受力较大，跑绳的偏角也大，定、动滑轮间距较大，需要较大的起升高度，应用受到一定限制

续表

方法	简图	说明
大花穿法	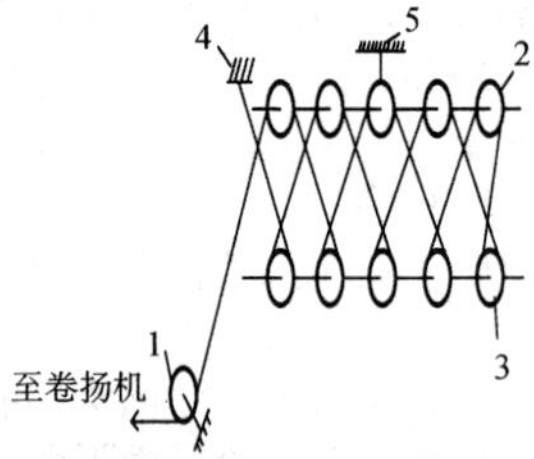 1—导向滑轮；2—定滑轮；3—动滑轮；4—绳头固定；5—定滑轮固定	大花穿法首先将钢丝绳头从定滑轮第一个滑轮穿起，然后向下动滑轮隔一个轮穿。上下反复穿绕以后，最后绕过导向滑轮至卷扬机。这种大花穿法的跑绳拉力与绳固定头拉力相差较小，工作分支受力平均，相邻两个滑轮转动方向相反，牵引绳拉力和吊装效果较好，应用较广泛

三、使用滑轮组的规定

根据《建筑施工起重吊装工程安全技术规范》（JGJ 276—2012），滑轮和滑轮组的使用应符合下列规定：

（1）使用前，应检查滑轮的轮槽、轮轴、夹板、吊钩等各部件，不得有裂缝和损伤，滑轮转动应灵活，润滑良好。

（2）滑轮应按本规范附录 C 表 C.0.1 中的容许荷载值使用（见表 8-14）。对起重量不明的滑轮，应先进行估算，并经负载试验合格后，方可使用。

（3）滑轮组绳索宜采用顺穿法，由三对以上动、定滑轮组成的滑轮组应采用花穿法。滑轮组穿绕后，应开动卷扬机慢慢将钢丝绳收紧和试吊，检查有无卡绳、磨绳的地方，绳间摩擦及其他部分是否运转良好，如有问题，应立即修正。

（4）滑轮的吊钩或吊环应与起吊构件的重心在同一垂直线上。

（5）滑轮使用前后都应刷洗干净，擦油保养，轮轴应经常加油润滑，严防锈蚀和磨损。

（6）对重要的吊装作业、较高处作业或在起重作业量较大时，不宜用钩型滑轮，应使用吊环、链环或吊梁型滑轮。

（7）滑轮组的上下定、动滑轮之间安全距离不应小于 1.5 m。

（8）对暂不使用的滑轮，应存放在干燥少尘的库房内，下面垫以木板，并应每 3 个月检查保养一次。

表 8-14 滑轮允许荷载表

滑轮直径/mm	允许荷载 /kN								钢丝绳直径/mm	
	单门	双门	三门	四门	五门	六门	七门	八门	适用	最大
70	5	10	—	—	—	—	—	—	5.7	7.7
85	10	20	30	—	—	—	—	—	7.7	11
115	20	30	50	80	—	—	—	—	11	14
135	30	50	80	100	—	—	—	—	12.5	15.5
165	50	80	100	160	200	—	—	—	15.5	18.5
185	—	100	160	200	—	320	—	—	17	20
210	80	—	200	—	320	—	—	—	20	23.5
245	100	160	—	320	—	500	—	—	23.5	25
280	—	200	—	—	500	—	800	—	26.5	28
320	160	—	—	500	—	800	—	1 000	30.5	32.5
360	200	—	—	—	800	1 000	—	1 400	32.5	35

四、滑轮报废条件

根据《起重机械吊具与索具安全规程》（LD 48—1993），滑轮出现下列情况之一时，应报废：

（1）裂纹。

（2）轮槽不均匀磨损达 3 mm。

（3）轮槽壁厚磨损达原壁厚的 20%。

（4）滑轮槽底磨损，铸造滑轮达钢丝绳原直径的 30%；焊接滑轮达钢丝绳原直径的 15%。

（5）滑轮轴磨损量达原直径的 3%。

第五节　吊钩

吊钩是吊装作业中最常用的取物装置，是各类起重机上的重要组成部分。吊钩应符合《起重机械吊具与索具安全规程》（LD 48—1993）中的相关规定，吊钩一般要求如下：

（1）吊钩缺陷不得焊补，吊钩表面应光滑，不得有裂纹、折叠、锐角、过烧等缺陷。

（2）吊钩内部不得有裂纹和影响安全使用性能的缺陷；未经设计制造单位同意不得在吊钩上钻孔或焊接。

（3）在吊钩（不含板钩）开口最短距离处，选定两个适当位置打印或镶嵌不易磨损的标志，测出标志间的距离，作为使用中检测开口度是否发生变化的依据。

吊钩应设有钢丝绳防脱钩装置。

吊钩按钩的数量分有单钩和双钩两种。使用较多的吊钩有锻造吊钩、C 形吊钩和板钩三种。

（一）锻造吊钩

（1）一般应采用《起重吊钩　第 1 部分：力学性能、起重量、应力及材料》（GB 10051.1—2010）中规定的 DG20、DG20Mn、DG34CrMo、DG34CrNiMo、DG30Cr2Ni2Mo 钢制造。

（2）环眼吊钩应设有防止吊重意外脱钩的闭锁装置，其他吊钩也应设该装置。

（二）C 形吊钩

C 形吊钩如图 8-31 所示。

（1）C 形吊钩应能保证在承载和空载时保持平衡状态。

（2）C 形吊钩应有使卷材在吊运时不受损伤的保护措施。

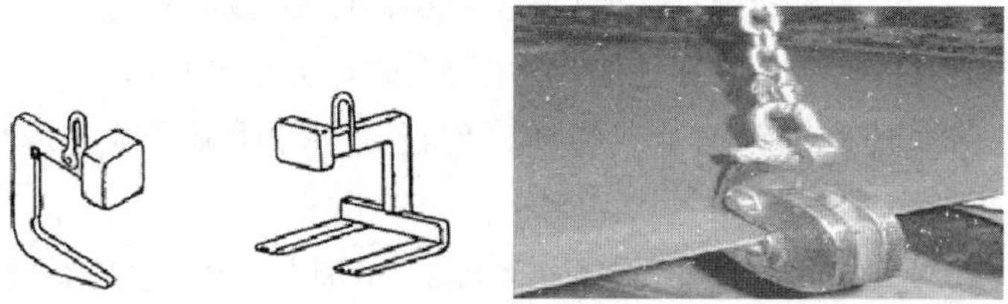

图 8-31　C 形吊钩

（三）板钩

（1）板钩一般应采用《碳素结构钢》（GB 700—2016）中规定的 Q235-A、Q235-B 或《低合金高强度结构钢》（GB 1591—2018）中规定的 16Mn 钢制造。

（2）钩片的纵轴，必须位于钢板的轧制方向，且钩片不允许拼接。

（3）板钩钩片应用沉头铆钉连接，而在板钩与盛钢桶耳轴接触的高应力弯曲部位不得用铆钉连接。

（4）叠片间不允许全封闭焊接，只允许有间断焊。

（5）吊运液态金属盛钢桶的板钩应在靠液态金属侧设置防热辐射的隔热板。

（6）板钩与盛钢桶耳轴的接触处及其上侧应设防磨板。

（四）吊钩出现下列情况之一时应予以报废

（1）裂纹。

（2）危险断面磨损或腐蚀达原尺寸的 10%。

（3）钩柄产生塑性变形。

（4）吊钩开口度比原尺寸增加 15%。

（5）钩身的扭转角超过 10°。

（6）当板钩钩片侧向弯曲变形半径小于板厚 10 倍，应报废钩片。

（7）板钩衬套磨损达原尺寸的 50%时，应报废衬套。

（8）板钩心轴磨损达原尺寸的 5%时，应报废心轴。

（9）板钩铆钉松弛或损坏，使板间间隙明显增大，应更换铆钉。

（10）板钩防磨板磨损达原厚度的 50%时，应报废防磨板。

第六节　卸扣

卸扣是起重作业中广泛使用的连接工具。

一、卸扣的类型

起重用卸扣分为 D 型卸扣和 B 型卸扣，如图 8-32、图 8-33 所示。卸扣的销轴常用的为 W 型（带环眼和台肩的螺纹销轴），用于拆卸频繁的场合。

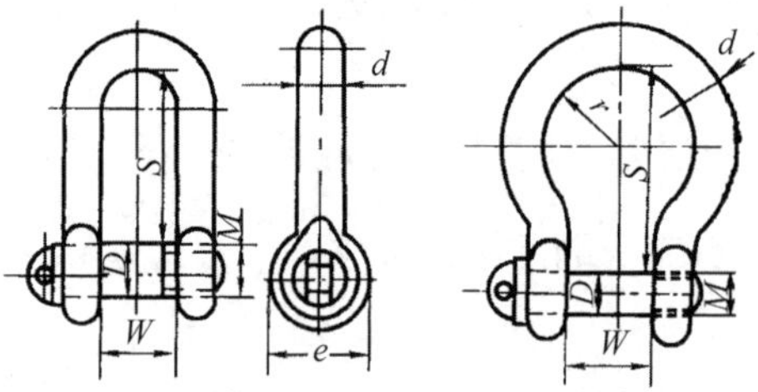

图 8-32　卸扣类型

图 8-33　卸扣实物

二、卸扣的选择

在使用卸扣时，可按相关标准查取卸扣型号和允许负荷直接选用。在无法查找时，可按下式估算卸扣的允许负荷来选用。

$$G=60d^2 \tag{8-7}$$

式中，G——允许使用的负荷重量，N；

d——卸扣弯曲部分直径，mm。

三、卸扣使用的安全要求

（1）卸扣在使用时，应注意作用在卸扣的受力方向，应符合受力要求，否则会使卸扣的使用承载能力大大下降。

（2）卸扣不应超载使用。

（3）在安装横销轴时，螺纹旋足后应回旋半扣，横销应置于吊索的索扣上。

（4）当卸扣任何部位产生裂纹、塑性变形、螺纹脱扣、销轴和扣体断面磨损达到原尺寸的3%～5%时应报废。

在图8-34卸扣安装示意中，（a）、（b）为正确安装，（c）、（d）为错误安装。图8-35是卸扣安装实例。（a）、（b）为正确安装，（c）为错误安装。

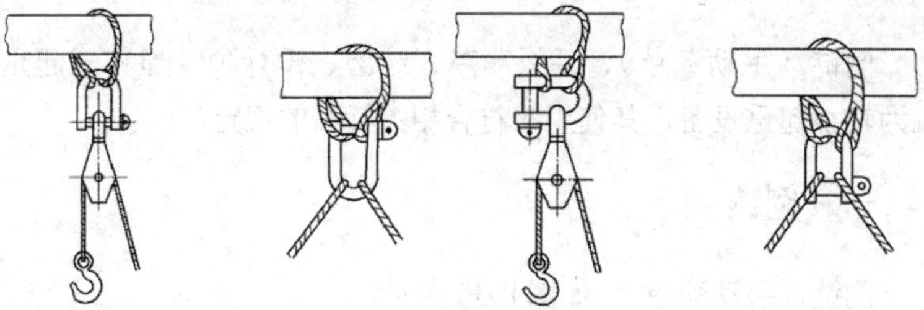

(a) 正确安装　(b) 正确安装　(c) 错误安装　(d) 错误安装

图8-34　卸扣安装示意

(a)正确安装

(b)正确安装

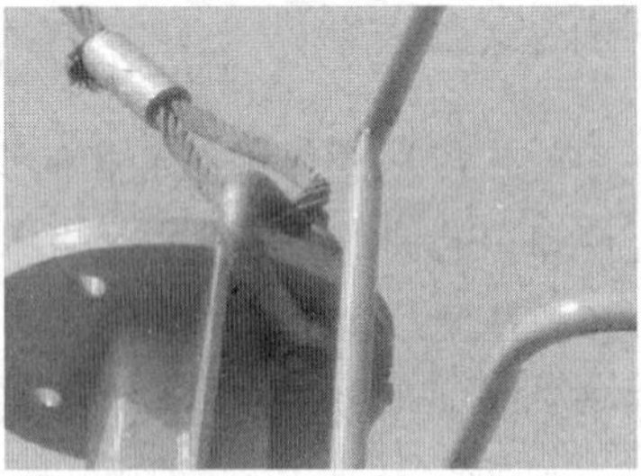

(c) 错误安装

图 8-35　卸扣安装实例

第七节　轻小起重设备

倒链（手动葫芦）、手扳葫芦、绞磨、千斤顶、桅杆式起重机为轻小起重设备，其使用应符合相关标准的规定。

一、倒链

倒链（手动葫芦），如图 8-36 所示。

使用倒链（手动葫芦）应符合下列规定：

图 8-36　倒链（手动葫芦）

（1）使用前应进行检查，倒链的吊钩、链条、轮轴、链盘等应无锈蚀、裂纹、损伤，传动部分应灵活正常，否则严禁使用。

（2）起吊构件至起重链条受力后，应仔细检查，确保齿轮啮合良好，自锁装置有效后，方可继续作业。

（3）在−10℃以下时，起重量不得超过其额定起重值的一半，其他情况下，不得超过其额定起重值。

（4）应均匀和缓地拉动链条，并应与轮盘方向一致，不得斜向拽动，应防止跳链、掉槽、卡链现象发生。

（5）倒链起重量或起吊构件的重量不明时，只可一人拉动链条，如一人拉不动应查明原因，严禁两人或多人一齐猛拉。

（6）齿轮部分应经常加油润滑，棘爪、棘爪弹簧和棘轮应经常检查，严防制动失灵。

（7）倒链使用完毕后应拆除并清洗干净，并上好润滑油，装好后套上塑料罩挂好，妥善保管。

二、手扳葫芦

手扳葫芦，如图 8-37 所示。

使用手扳葫芦应符合下列规定：

（1）应只限于吊装中收紧缆风绳和升降吊篮使用。

（2）使用前，应仔细检查并确保自锁夹钳装置夹紧钢丝绳后能往复做直线运动，否则严禁使用。使用时，待其受力后应检查并确保运转自如，确认无问题后，方可继续作业。

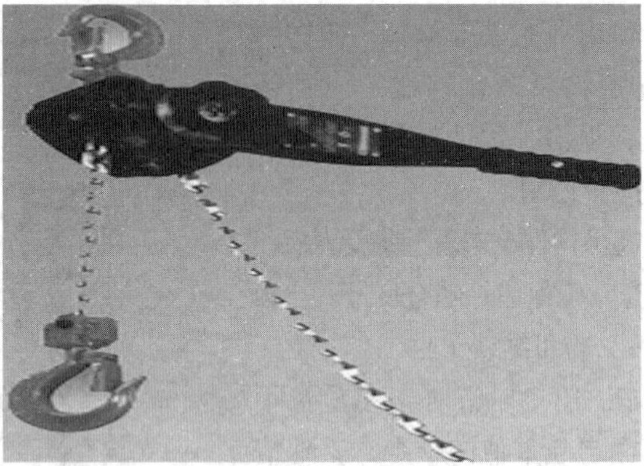

图 8-37　手扳葫芦

（3）用于吊篮时，应于每根钢丝绳处拴一根保险绳，并将保险绳的另一端固定于可靠的结构上。

（4）使用完毕后，应拆卸、洗涤、上油、安装复原，送至库房妥善保管。

三、绞磨

绞磨，如图 8-38 所示。

图 8-38　绞磨

使用绞磨应符合下列规定：

（1）应只限于在起重量不大、起重速度要求不高和拔杆吊装作业中固定牵引缆风绳等使用。

（2）牵引钢丝绳应从卷筒下方缠入，绕 4～6 圈后从卷筒的上方退出。

（3）绞磨必须放置平稳，绞磨架应用地锚固定牢靠，严格避免受力后发生跳高（悬空）、倾斜和滑动。

（4）钢丝绳跑头应通过导向滑轮水平引入绞磨卷筒，跑绳应与磨芯中部成水平。绳尾应用人力拉梢并在木桩上绕一圈，始终保持拉紧状态，长出的多余钢丝绳应就地盘绕成圈，且圈内不得站人。拉梢人员应站在推杆旋转圈外。

（5）作业人员应严格听从指挥，步调一致。严禁推杆人员踩踏起重钢丝绳。

（6）中途停歇时，必须用制动器制动，推杆应用撬棍固定，且不宜离手，绳尾应固定在地锚上。严禁绞磨高速反转。

（7）重物下降时，应转动推杆缓慢下降，严禁采用松动尾绳和绞磨高速反转的方法。

四、千斤顶

千斤顶是起重作业中常用的辅助工具，它结构简单，使用方便，工作时无振动冲击，多用于重物短距离升高和设备安装校正位置之用。千斤顶按照其结构形式和工作原理的不同可分为齿条式千斤顶、螺旋式千斤顶和液压式千斤顶 3 种。如图 8-39～图 8-41 所示。

图 8-39　齿条式千斤顶

图 8-40　螺旋式千斤顶

图 8-41　液压式千斤顶

1. 千斤顶的选择

（1）千斤顶的额定起重量应大于起重构件的重量，起升高度应满足施工要求，其最小高度应与安装净空相适应。

（2）采用多台千斤顶联合顶升时，应选用同一型号的千斤顶，每台的额定起重量不得小于所分担构件重量的 1.2 倍。

2. 千斤顶的使用

（1）使用前后应拆洗干净，损坏和不符合要求的零件应予以更换，安装好后应检查各部配件运转是否灵活，对油压千斤顶还应检查阀门、活塞、皮碗是否完好，油液是否干净，稠度是否符合要求，若在负温情况下使用时，油液应不变稠、不结冻。

（2）千斤顶应放在平整坚实的地面上，底座下应垫以枕木或钢板，以加大承压面积，防止千斤顶下陷或歪斜。与被顶升构件的光滑面接触时，应加垫硬木板，严防滑落。

（3）设顶处必须是坚实部位，载荷的传力中心应与千斤顶轴线一致，严禁载荷偏斜。

（4）顶升时，应先轻微顶起后停住，检查千斤顶承力、地基、垫木、枕木垛是否正常，如有异常或千斤顶歪斜，应及时处理后方可继续工作。

（5）顶升过程中，不得随意加长千斤顶手柄或强力硬压，每次顶升高度不得超过活塞上的标志，且顶升高度不得超过螺丝杆丝扣或活塞总高度的3/4。

（6）构件顶起后，应随起随搭枕木垛和加设临时短木块，其短木块与构件间的距离应随时保持在50 mm以内，严防千斤顶突然倾倒或回油。

五、扒杆与卷扬机

扒杆也称桅杆，是一种简易的起重设备，一般须配以滑轮、钢丝绳和卷扬机进行起重作业。

1. 扒杆的种类及特点

扒杆可分为独脚扒杆、人字扒杆、三角扒杆和龙门扒杆4种。

（1）独脚扒杆一般顶部绑扎固定有4～6根缆风绳及滑车组，底部设有导向滑轮。为便于移动，扒杆底部设有底座。

（2）人字扒杆主要用于无需移动的重物升降或重物短距离的水平移动。两杆底脚宽度为扒杆高度的1/3。人字扒杆的前后两面各设置有两根缆风绳，两根缆风绳之间的夹角为30°～50°。

（3）三角扒杆架设灵活、稳定可靠，不需要缆风绳固定，可分为捆扎式和铰接式。

（4）龙门扒杆由两副独脚杆加上横梁组成。扒杆两侧设置 4 根缆风绳，在横梁上安装起重滑车组。其优点是起重量大，工作平稳，安全可靠。

2. 扒杆使用的安全要求

（1）一般木制扒杆起重量不应超过 10 t。

（2）扒杆缆风绳必须按规定的绑扎法绑扎锁牢，保证长短一致受力均匀。

（3）扒杆脚必须绑扎牢固，可垫木板底座。

（4）吊装前一般应进行试吊，起吊重物距地面 200～300 mm，悬吊 20 min，检查捆绑处、固定处及滑车组、卷扬机等，正常后方可作业。

3. 卷扬机设置及使用要求

（1）卷扬机的基础必须平稳牢固，并设有可靠的地锚进行锚固，严格防止发生倾覆和滑动。

（2）导向滑轮严禁使用开口拉板式滑轮。滑轮到卷筒中心的距离，对于带槽卷筒应大于卷筒宽度的 15 倍；对于无槽卷筒应大于卷筒宽度的 20 倍，并确保当钢丝绳处在卷筒中间位置时，应与卷筒的轴心线垂直。

（3）钢丝绳在卷筒上应逐圈靠紧，排列整齐，严禁互相错叠、离缝和挤压。钢丝绳缠满后，不得超出卷筒两端挡板。严禁在运转中用手或脚去拉、踩钢丝绳。

（4）在制动操纵杆的行程范围内不得有障碍物。作业过程中，操作人员不得离开卷扬机，并应禁止人员跨越卷扬机钢丝绳。

（5）手摇卷扬机只可用于小型构件吊装、拖拉吊件或拉紧缆风绳等。钢丝绳牵引速度应为 0.5～3 m/min，并严禁超过其额定牵引力。

（6）大型构件的吊装必须采用电动卷扬机，钢丝绳的牵引速度应为 7～13 m/min，并严禁超过其额定牵引力。

（7）卷扬机使用前，应对各部分详细检查，确保棘轮装置和制动器完好，变速齿轮沿轴转动，啮合正确，无杂音和润滑良好，如有问题，应及时修理解决，否则严禁使用。

（8）卷扬机应当安装在吊装区外，水平距离应大于构件的安装高度，并搭设防护棚，保证操作人员能清楚地看见指挥人员的信号。当构件被吊到安装位置时，操作人员的视线仰角应小于 45°。

（9）起重用钢丝绳应与卷扬机卷筒轴线方向垂直，钢丝绳最大偏离角不得超过 6°，导向滑轮到卷筒的距离不得小于 18 m，也不得小于卷筒宽度的 15 倍。

（10）用于起吊作业的卷筒在吊装构件时，卷筒上的钢丝绳必须最少保留 5 圈。

（11）卷扬机的电气线路应经常检查，保证电机运转良好，电磁抱闸和接地安全有效，无漏电现象。

六、使用桅杆式起重机的要求

（1）桅杆式起重机应按国家相关规定进行设计和制作，经严格的测试、试运转和技术鉴定合格后，方可投入使用。

（2）安装起重机的地基、基础、缆风绳和地锚等设施，必须经计算确定。缆风绳与地面的夹角应在 30°～45°。缆风绳不得与供电线路接触，在靠近电线附近，应装设由绝缘材料制作的护线架。

（3）在整个吊装过程中，应派专人看守地锚。每进行一段工作后或大雨后，应对桅杆、缆风绳、索具、地锚和卷扬机等进行详细检查，发现有摆动、损坏等不正常情况时，应立即处理解决。

（4）桅杆式起重机移动时，其底座应垫以足够的承重枕木排和滚杠，并将起重臂收紧处于移动方向的前方，倾斜不得超过10°，移动时桅杆不得向后倾斜，收放缆风绳应配合一致。

第九章　建筑起重信号司索工作业与起重吊运指挥信号

第一节　建筑起重信号司索工安全作业

建筑起重信号司索工安全作业要求：

（1）必须是18周岁（含18周岁）以上，视力（包括矫正视力）在0.8以上，无色盲症，听力能满足工作条件的要求，身体健康者。

（2）必须经安全技术培训，考核合格并取得安全技术操作证后，方可从事作业。

（3）对所使用的起重机械，必须熟悉其技术性能。

（4）不能干涉起重机司机对手柄或旋钮的选择。

（5）负责载荷的重量估算和索具的正确选择。

（6）作业前应对吊具和索具进行检查，确认合格后方可投入使用。

（7）起吊重物前，应检查连接点是否牢固可靠。

（8）作业中不得损坏吊物、吊具和索具，必要时应在吊物与吊索的接触处加保护衬垫。

（9）起重机吊钩的吊点，应与吊重重心在同一铅垂线上，使吊重处于稳定平衡状态。

（10）禁止人员站在吊物上一同起吊，严禁人员停留在吊重物下方。

（11）起吊重物时，应与重物保持一定的安全距离。

（12）经常清理作业现场，保持道路畅通。

（13）经常保养吊具、索具，确保使用安全可靠，延长使用寿命。

（14）在高处作业时，应严格遵守高处作业的安全要求。

（15）捆绑后留出的绳头，必须紧绕吊钩或吊物上，防止吊物移动时挂住沿途人员或物件。

（16）吊运成批零散物件时必须使用专用吊篮、吊斗等器具，并经常检查吊篮、吊斗等器具及其吊耳与吊索连接处的情况。

（17）吊重物就位前，要垫好衬木，不规则物件要加支撑，保持平衡，物件堆放要整齐平稳。

（18）作业时应佩戴鲜明的标志和特殊颜色的安全帽。

（19）在开始指挥起吊重物时，用微动信号指挥；待吊物离开地面 200～300 mm 时，停止起升，进行试吊，确认安全可靠后，方可用正常信号指挥吊物上升。

（20）指挥起重机在雨、雪天气作业时，应先进行试吊，检查制动器灵敏可靠后，方可进行正常的起吊作业。

（21）指挥人员选择指挥位置时：

1）应保证与起重机司机之间视线清楚；

2）在所指定的区域内，应能清楚地看到被吊物体；

3）指挥人员应与被吊运物体保持安全距离；

4）指挥人员不能同时看见起重机司机和被吊物体时，应站到能看见起重机司机的一侧，并增设中间指挥人员传递信号。

（22）起重机不应靠近架空输电线路作业，如遇特殊情况，必须在线路近旁作业时，应采取安全保护措施。

（23）提升重物后，严禁自由下降；重物就位时，可用微动机构或利用制动器使之缓慢下降。

（24）提升重物平稳后，在跨越障碍物时，重物底部应高出其跨越障碍物 0.5 m 以上。

（25）起吊时不准用吊钩直接吊重物，必须用索具或专用器具。

（26）长度不同的细长物件，不允许一起捆扎吊运。捆扎细长物件时，要捆扎两道以上，并且要有两个吊点，吊运过程中，吊运的物件应保持水平，不准偏斜，更不能方向朝下，以免在吊运过程中，重物由于自重或振动等原因从捆绑中滑落。

（27）外形大或长的物件要有拽绳，以防止摆动，拽绳应在被吊物件的两端各设一条。

（28）严禁将不同种类或不同规格型号的索具混在一起使用。

（29）在起升过程中，当吊钩滑轮组接近起重臂 5 m 时，应用低速起升，严防与起重臂顶撞。

（30）严禁采用自由下降的方法下降吊钩或重物；当重物下降距就位点 1 m 处时，必须采用慢速就位。

（31）起重机行走到距限位开关碰块约 3 m 处时，应提前减速停车。

（32）多机作业时，应避免各起重机在回转半径内重叠作业。在特殊情况下，需要重叠作业时，两台起重机之间的最小架设距离应保证处于低位的起重机的臂架与另一台起重机的塔身之间至少有 2 m 的距离；处于高位的起重机（吊钩升至最高点）与低位的起重机之间，在任何情况下，其垂直方向的间隙不得小于 2 m。

（33）工作结束后，所使用的绳索吊具应放置在规定的地点，加强维护保养；达到报废标准的吊具、索具要及时更换。

第二节　起重吊运指挥信号

为确保起重吊运安全，防止发生事故，适应科学管理的需要，《起重吊运指挥信号》（GB 5082—1985）对现场指挥人员和起重机司机所使用的基本信号和有关安全技术作了统一规定。标准适用的起重机械类型有：桥式起重机（包括冶金起重机）、门式起重机、装卸桥、缆索起重机、塔式起重机、门座起重机、汽车起重机、轮胎起重机、铁路起重机、履带起重机、浮式起重机、桅杆起重机、船用起重机等。

一、名词术语解释

（1）通用手势信号：指各种类型的起重机在起重、吊运中普遍适用的指挥手势。

（2）专用手势信号：指具有特殊的起升、变幅、回转机构的起重机单独使用的指挥手势。

（3）吊钩（包括吊环、电磁吸盘、抓斗等）：指空钩以及负有载荷的吊钩。

（4）起重机“前进”或“后退”：“前进”指起重机向指挥人员开来；“后退”指起重机离开指挥人员。

（5）前、后、左、右：在指挥语言中，均以司机所在位置为基准。

（6）音响符号：

"— —"表示大于 1 s 的长声符号。

"●"表示小于 1 s 的短声符号。

"○"表示停顿的符号。

二、指挥人员使用的信号

（一）手势信号

1. 通用手势信号

（1）"预备"（注意）：手臂伸直，置于头上方，五指自然伸开，手心朝前保持不动，如图 9-1 所示。

（2）"要主钩"：单手自然握拳，置于头上，轻触头顶，如图 9-2 所示。

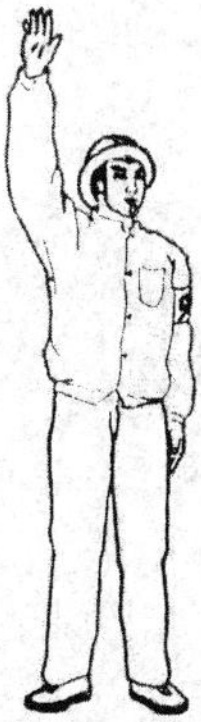

图 9-1　预备

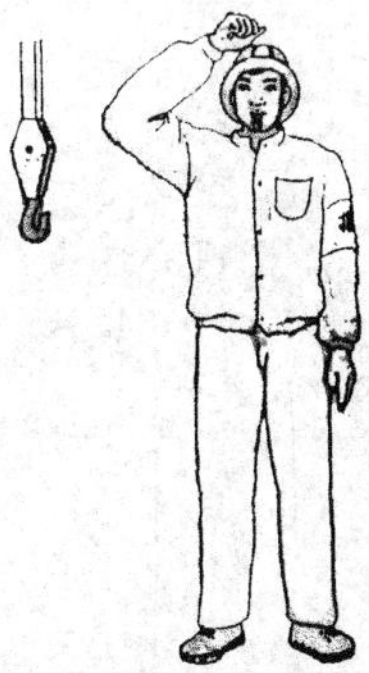

图 9-2　要主钩

（3）"要副钩"：一只手握拳，小臂向上不动，另一只手伸出，手心轻触前只手的肘关节，如图 9-3 所示。

（4）"吊钩上升"：小臂向侧上方伸直，五指自然伸开，高于肩部，以腕部为轴转动，如图 9-4 所示。

（5）"吊钩下降"：手臂伸向侧前下方，与身体夹角约为 30°，五指自然伸开，以腕部为轴转动，如图 9-5 所示。

（6）“吊钩水平移动”：小臂向侧上方伸直，五指并拢手心朝外，朝负载应运行的方向，向下指挥到与肩相平的位置，如图 9-6 所示。

图 9-3　要副钩

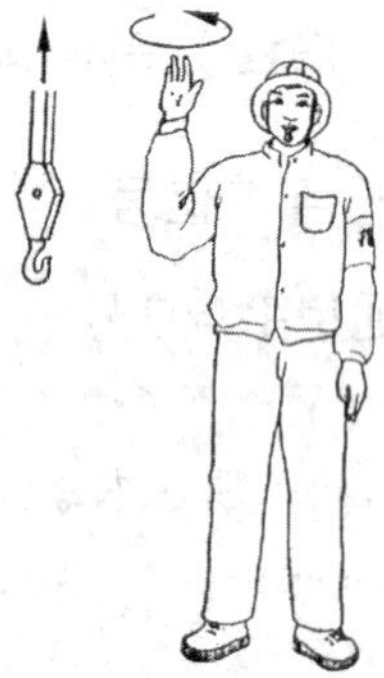

图 9-4　吊钩上升

图 9-5　吊钩下降

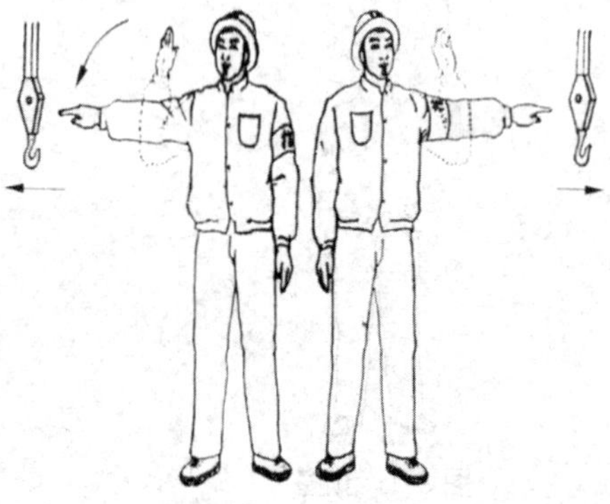

图 9-6　吊钩水平移动

（7）“吊钩微微上升”：上臂伸向侧前上方，手心朝上高于肩部，以腕部为轴，重复向上摆动手掌，如图 9-7 所示。

（8）“吊钩微微下降”：手臂伸向侧前下方，与身体夹角约为 30°，手心朝下，以腕部为轴，重复向下摆动手掌，如图 9-8 所示。

（9）“吊钩水平微微移动”：小臂向侧上方自然伸出，五指并拢手心朝外，朝负载应运行的方向，重复缓慢地水平运动，如图 9-9 所示。

（10）“微动范围”：双手小臂曲起，伸向一侧，五指伸直，手心相对，其间距与负载所要移动的距离接近，如图 9-10 所示。

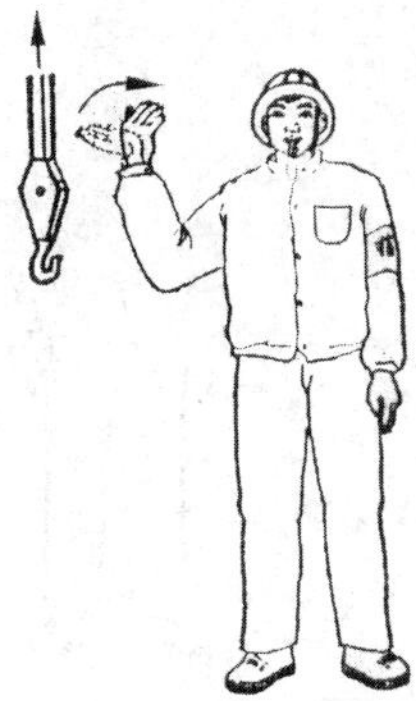

图 9-7　吊钩微微上升

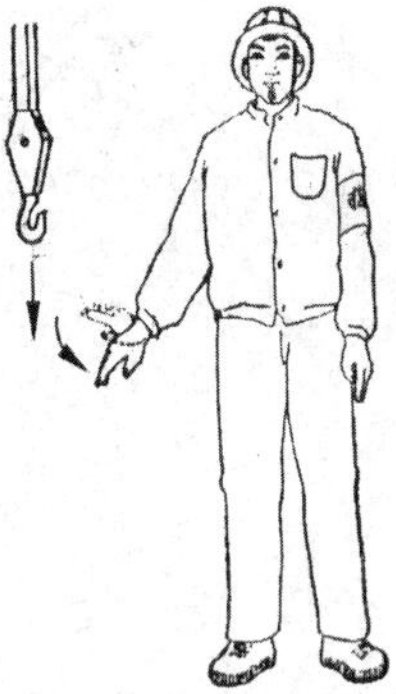

图 9-8　吊钩微微下降

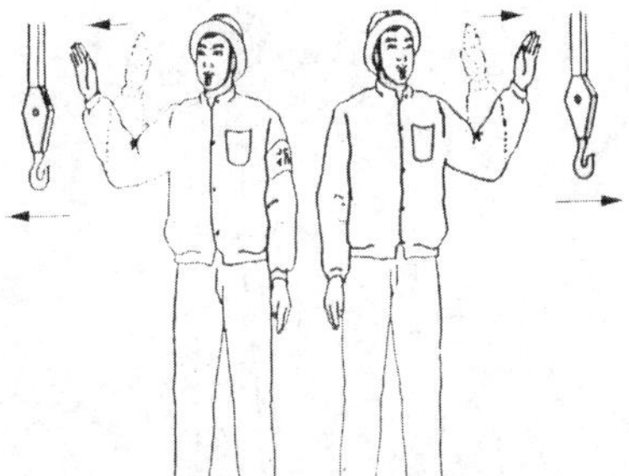

图 9-9　吊钩水平微微移动

图 9-10　微动范围

（11）“指示降落方位”：五指伸直，指出负载应降落的位置，如图 9-11 所示。

（12）“停止”：小臂水平置于胸前，五指伸开，手心朝下，水平挥向一侧，如图 9-12 所示。

（13）“紧急停止”：两小臂水平置于胸前，五指伸开，手心朝下，同时水平挥向两侧，如图 9-13 所示。

（14）“工作结束”：双手五指伸开，在额前交叉，如图 9-14 所示。

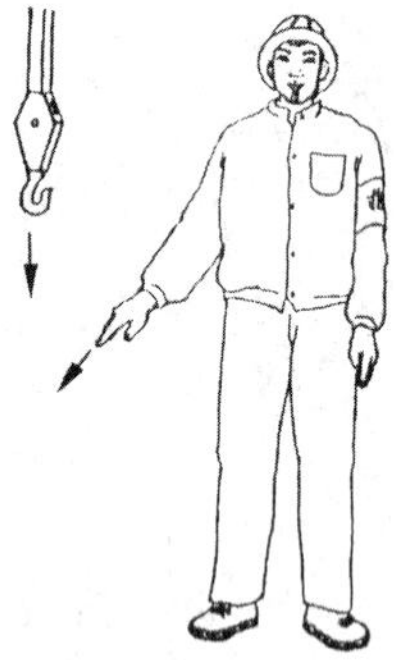

图 9-11　指示降落方位

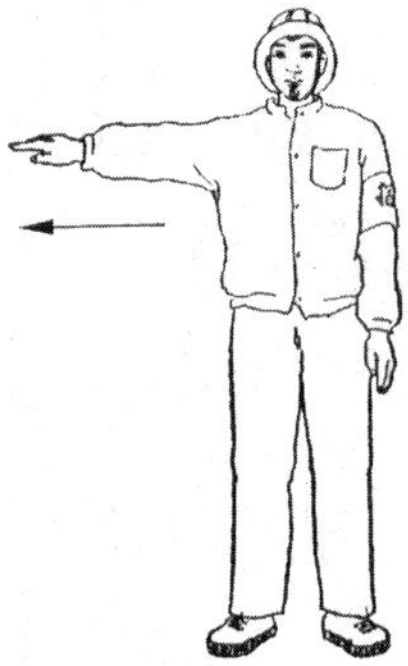

图 9-12　停止

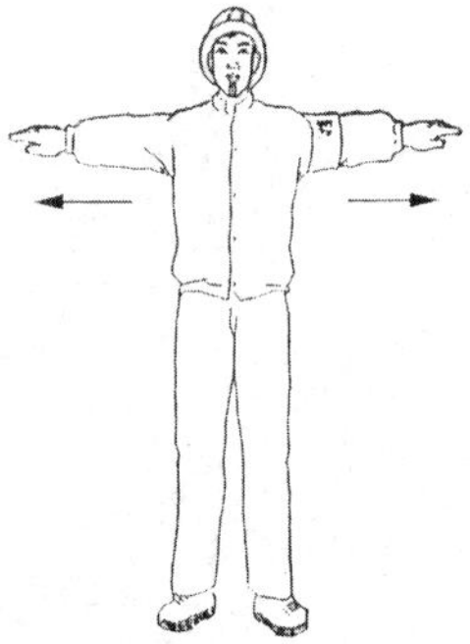

图 9-13　紧急停止

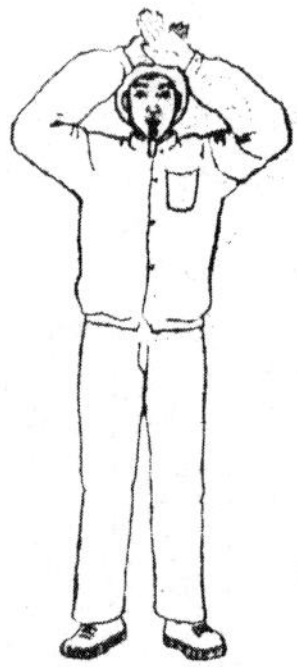

图 9-14　工作结束

2. 专用手势信号

（1）“升臂”：手臂向一侧水平伸直，拇指朝上，余指握拢，小臂向上摆动，如图 9-15 所示。

（2）“降臂”：手臂向一侧水平伸直，拇指朝下，余指握拢，小臂向下摆动，如图 9-16 所示。

（3）“转臂”：手臂水平伸直，指向应转臂的方向，拇指伸出，余指握拢，以腕部为轴转动，如图 9-17 所示。

（4）“微微升臂”：一只手的小臂置于胸前一侧，五指伸直，手心朝下，保持不动。另一只手的拇指对着前手手心，余指握拢，做上下移动，如图 9-18 所示。

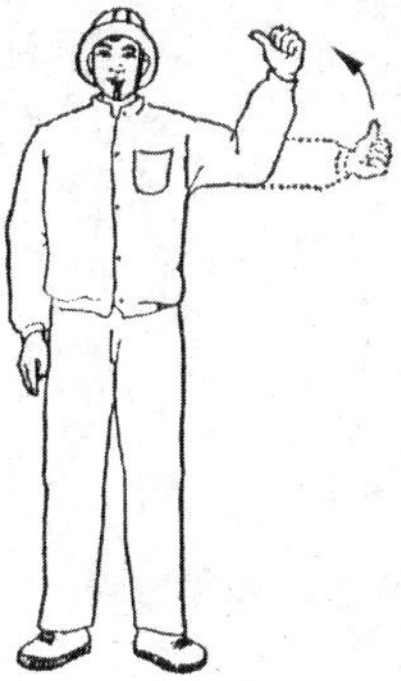

图 9-15　升臂

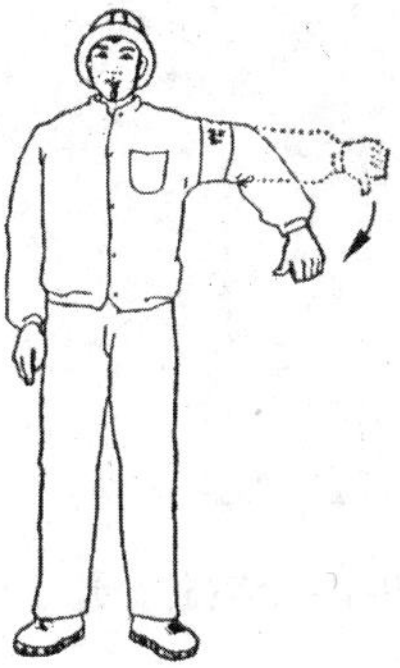

图 9-16　降臂

图 9-17　转臂

图 9-18　微微升臂

（5）“微微降臂”：一只手的小臂置于胸前一侧，五指伸直，手心朝上，保持不动。另一只手的拇指对着前手手心，余指握拢，做上下移动，如图 9-19 所示。

（6）“微微转臂”：一只手的小臂向前平伸，手心自然朝向内侧。另一只手的拇指指向前只手的手心，余指握拢做转动，如图 9-20 所示。

图 9-19　微微降臂

图 9-20　微微转臂

（7）“伸臂”：两手分别握拳，拳心朝上，拇指分别指向两侧，做相斥运动，如图 9-21 所示。

（8）“缩臂”：两手分别握拳，拳心朝下，拇指对指，做相向运动，如图 9-22 所示。

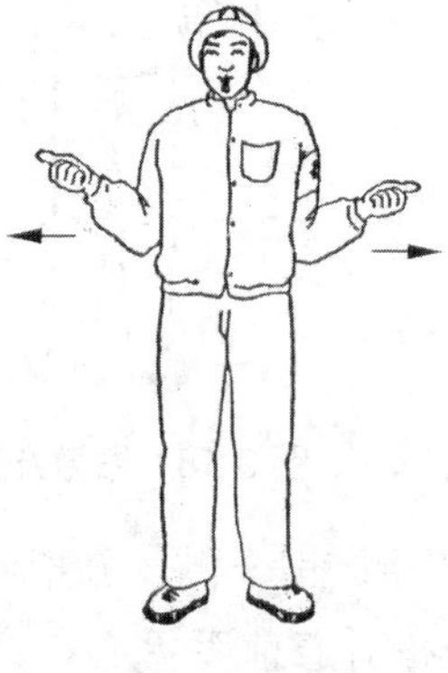

图 9-21　伸臂

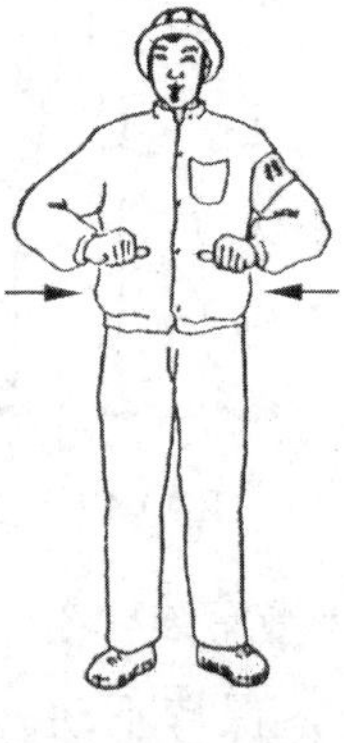

图 9-22　缩臂

（9）“履带起重机回转”：一只手的小臂水平前伸，五指自然伸出不动。另一只手小臂在胸前做水平重复摆动，如图 9-23 所示。

（10）“起重机前进”：双手臂先向前伸，小臂曲起，五指并拢，手心对着自己，做前后运动，如图 9-24 所示。

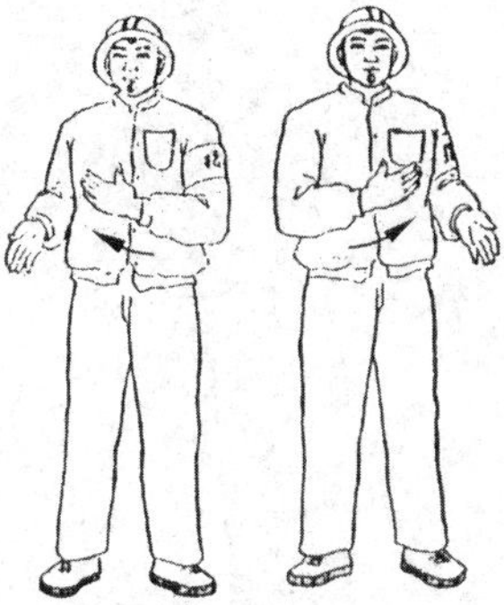

图 9-23　履带起重机回转

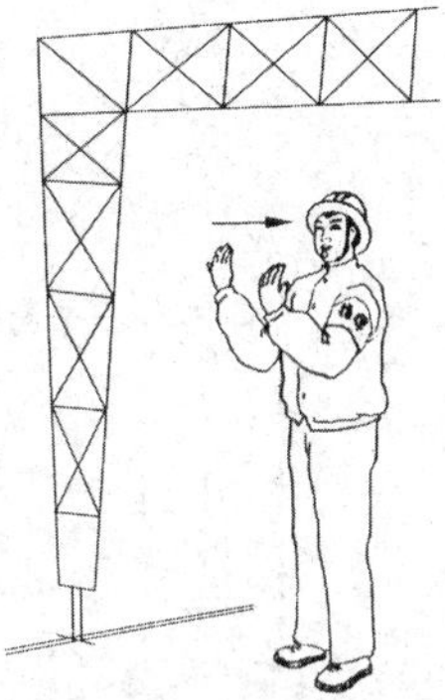

图 9-24　起重机前进

（11）“起重机后退”：双小臂向上曲起，五指并拢，手心朝起重机，做前后运动，如图 9-25 所示。

（12）“抓取”：两手小臂分别置于侧前方，手心相对，由两侧向中间摆动，如图 9-26 所示。

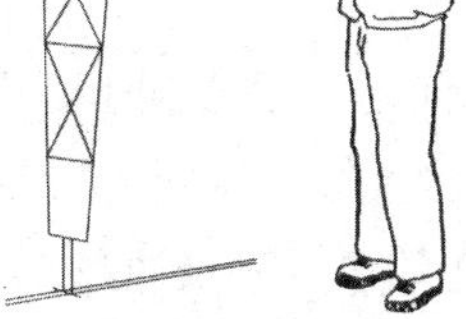

图 9-25　起重机后退

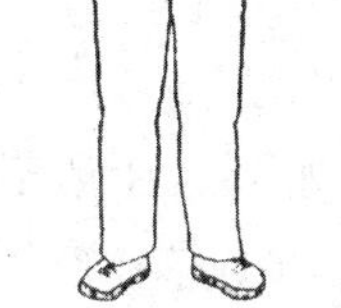

图 9-26　抓取

（13）“释放”：两手小臂分别置于侧前方，手心朝外，两臂分别向两侧摆动，如图 9-27 所示。

（14）“翻转”：一只手小臂向前曲起，手心朝上，另一只手小臂向前伸出，手心朝下，双手同时进行翻转，如图 9-28 所示。

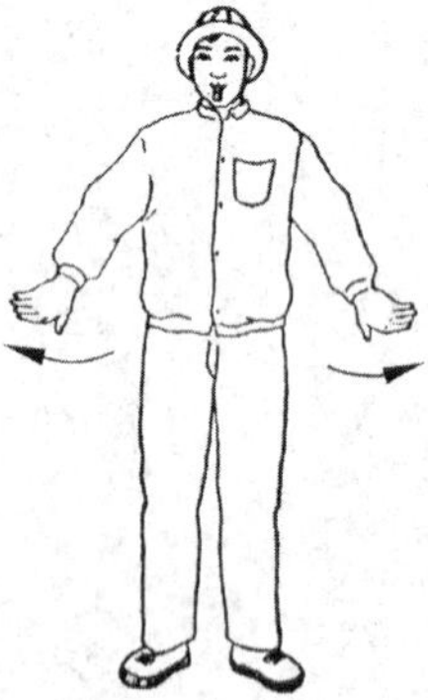

图 9-27　释放

图 9-28　翻转

3. 船用起重机（或双机吊运）专用的手势信号

（1）“微速起钩”：两小臂水平伸出侧前方，五指伸开，手心朝上，以腕部为轴，向上摆动。当要求双机以不同的速度起升时，指挥起升速度快的一方，手要高于另一只手，如图 9-29 所示。

（2）“慢速起钩”：两小臂水平伸向侧前方，五指伸开，手心朝上，小臂以肘部为轴向上摆动。当要求双机以不同的速度起升时，指挥起升速度快的一方，手要高于另一只手，如图 9-30 所示。

（3）“全速起钩”：两臂下垂，五指伸开，手心朝上，全臂向上挥动，如图 9-31 所示。

（4）“微速落钩”：两小臂水平伸向侧前方，五指伸开，手心朝下，手以腕部为轴向下摆动。当要求双机以不同的速度降落时，指挥降落速度快的一方，手要低于另一只手，如图 9-32 所示。

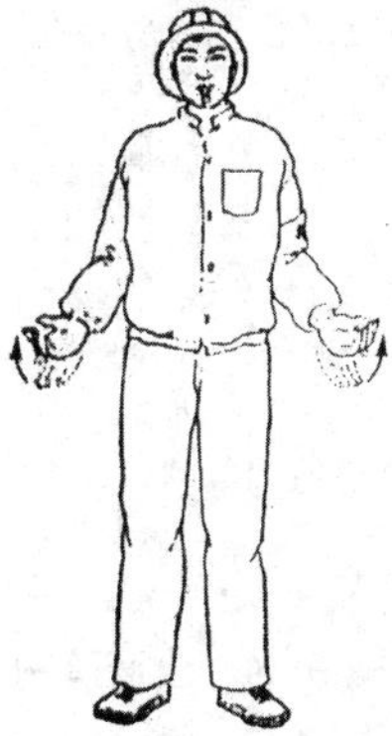

图 9-29　微速起钩

图 9-30　慢速起钩

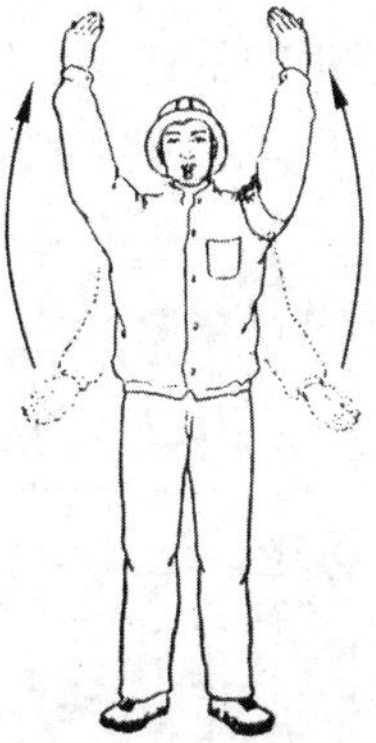

图 9-31　全速起钩

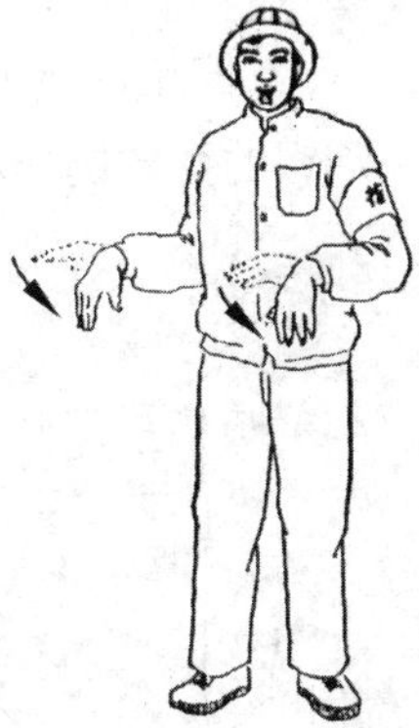

图 9-32　微速落钩

（5）“慢速落钩”：两小臂水平伸向侧前方，五指伸开，手心朝下，小臂以肘部为轴向下摆动。当要求双机以不同的速度降落时，指挥降落速度快的一方，手要低于另一只手，如图 9-33 所示。

（6）“全速落钩”：两臂伸向侧上方，五指伸出，手心朝下，全臂向下挥动如图 9-34 所示。

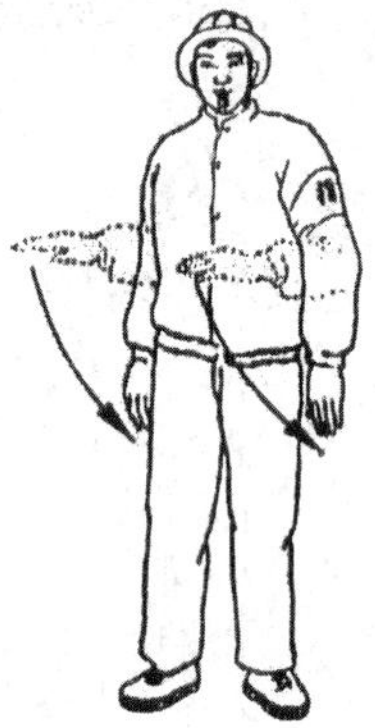

图 9-33　慢速落钩

图 9-34　全速落钩

（7）“一方停止，一方起钩”：指挥停止的手臂作“停止”手势；指挥起钩的手臂则作相应速度的起钩手势，如图 9-35 所示。

（8）“一方停止，一方落钩”：指挥停止的手臂作“停止”手势，指挥落钩的手臂则作相应速度的落钩手势，如图 9-36 所示。

图 9-35　一方停止，一方起钩

图 9-36　一方停止，一方落钩

（二）旗语信号

（1）“预备”：单手持红绿旗上举，如图 9-37 所示。

（2）“要主钩”：单手持红绿旗，旗头轻触头顶，如图 9-38 所示。

（3）“要副钩”：一只手握拳，小臂向上不动，另一只手拢红绿旗，旗头轻触前只手的肘关节，如图 9-39 所示。

（4）“吊钩上升”：绿旗上举，红旗自然放下，如图 9-40 所示。

图 9-37　预备

图 9-38　要主钩

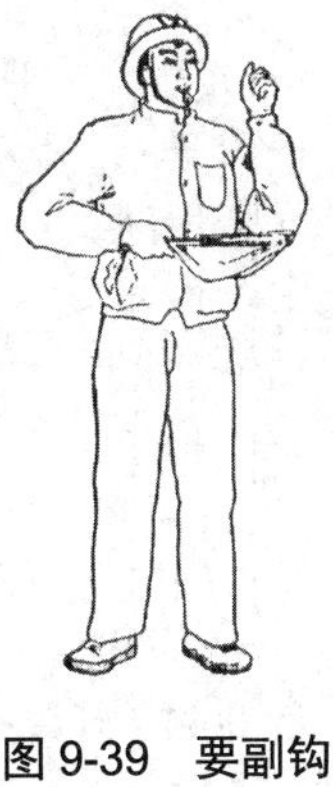

图 9-39　要副钩

图 9-40　吊钩上升

（5）“吊钩下降”：绿旗拢起下指，红旗自然放下，如图 9-41 所示。

（6）“吊钩微微上升”：绿旗上举，红旗拢起横在绿旗上，互相垂直，如图 9-42 所示。

（7）“吊钩微微下降”：绿旗拢起下指，红旗拢起横在绿旗下，互相垂直，如图 9-43 所示。

（8）“升臂”：红旗上举，绿旗自然放下，如图 9-44 所示。

图 9-41　吊钩下降

图 9-42　吊钩微微上升

图 9-43　吊钩微微下降

图 9-44　升臂

（9）“降臂”：红旗拢起下指，绿旗自然放下，如图 9-45 所示。

（10）“转臂”：红旗拢起，水平指向应转臂的方向，如图 9-46 所示。

图 9-45　降臂

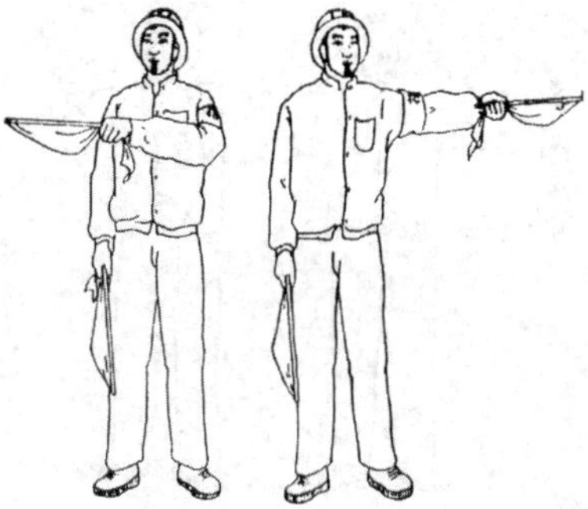

图 9-46　转臂

（11）“微微升臂”：红旗上举，绿旗拢起横在红旗上，互相垂直，如图 9-47 所示。

（12）“微微降臂”：红旗拢起下指，绿旗拢起横在红旗下，互相垂直，如图 9-48 所示。

图 9-47　微微升臂

图 9-48　微微降臂

（13）“微微转臂”：红旗拢起，横在腹前，指向应转臂的方向，绿旗拢起，竖在红旗前，互相垂直，如图 9-49 所示。

（14）“伸臂”：两旗分别拢起，横在两侧，旗头外指，如图 9-50 所示。

图 9-49　微微转臂

图 9-50　伸臂

（15）“缩臂”：两旗分别拢起，横在胸前，旗头对指，如图 9-51 所示。

（16）“微动范围”：两手分别拢旗，伸向一侧，其间距与负载所要移动的距离接近，如图 9-52 所示。

图 9-51　缩臂

图 9-52　微动范围

（17）“指示降落方位”：单手拢绿旗，指向负载应降落的位置，旗头进行转动，如图 9-53 所示。

（18）“履带起重机回转”：一只手拢旗，水平指向侧前方，另一只手持旗，水平重复挥动，如图 9-54 所示。

图 9-53　指示降落方位

图 9-54　履带起重机回转

（19）“起重机前进”：两旗分别拢起，向前上方伸出，旗头由前上方向后摆动，如图 9-55 所示。

（20）“起重机后退”：两旗分别拢起，向前伸出，旗头由前方向下摆动，如图 9-56 所示。

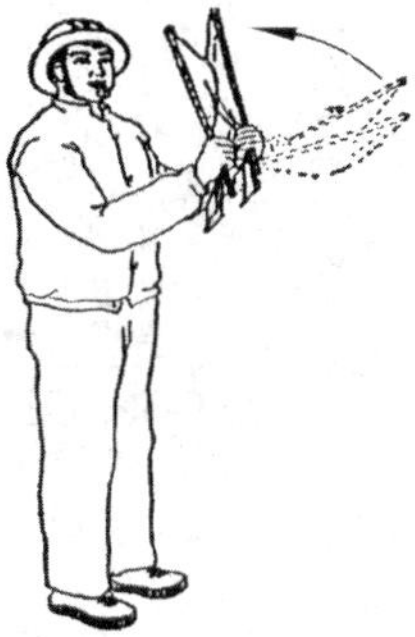

图 9-55　起重机前进

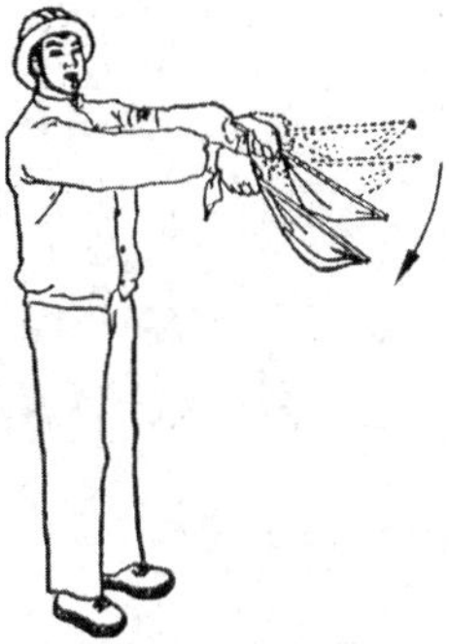

图 9-56　起重机后退

（21）“停止”：单旗左右摆动，另外一面旗自然放下，如图 9-57 所示。

图 9-57　停止

（22）“紧急停止”：双手分别持旗，同时左右摆动，如图 9-58 所示。

（23）“工作结束”：两旗拢起，在额前交叉，如图 9-59 所示。

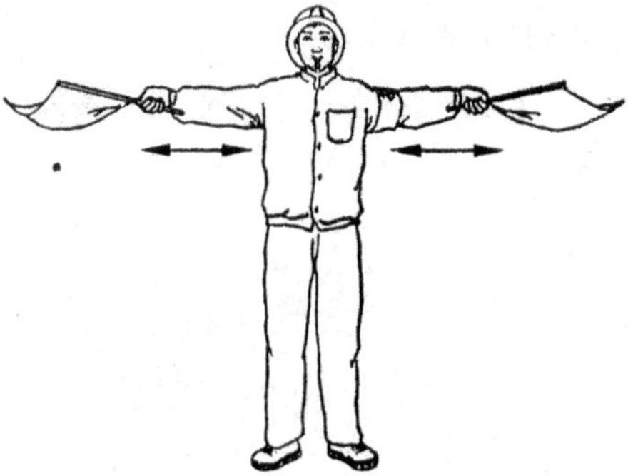

图 9-58　紧急停止

图 9-59　工作结束

（三）音响信号

1. “预备”、“停止”

一长声— —

2. “上升”

二短声●●

3. “下降”

三短声●●●

4. “微动”

断续短声●○●○●○●

5. “紧急停止”

急促的长声— —

（四）起重吊运指挥语言

1. 开始、停止工作的语言

表 9-1　开始、停止工作的语言

起重机的状态	指挥语言
开始工作	开 始
停止和紧急停止	停
工作结束	结 束

2. 吊钩移动语言

表 9-2　吊钩移动语言

吊钩的移动	指挥语言
正常上升	上 升
微微上升	上升一点
正常下降	下 降
微微下降	下降一点
正常向前	向 前
微微向前	向前一点
正常向后	向 后
微微向后	向后一点

续表

吊钩的移动	指挥语言
正常向右	向 右
微微向右	向右一点
正常向左	向 左
微微向左	向左一点

3. 转台回转语言

表 9-3 转台回转语言

转台的回转	指挥语言
正常右转	右 转
微微右转	右转一点
正常左转	左 转
微微左转	左转一点

4. 臂架移动语言

表 9-4 臂架移动语言

臂架的移动	指挥语言
正常伸长	伸 长
微微伸长	伸长一点
正常缩回	缩 回
微微缩回	缩回一点
正常升臂	升 臂
微微升臂	升一点臂
正常降臂	降 臂
微微降臂	降一点臂

三、司机使用的音响信号

（1）“明白”：服从指挥

一短声●

（2）“重复”：请求重新发出信号

二短声●●

（3）“注意”

长声— —

四、信号的配合应用

（一）指挥人员使用音响信号与手势或旗语信号的配合

（1）在发出“上升”音响时，可分别与“吊钩上升”、“升臂”、“伸臂”、“抓取”手势或旗语相配合。

（2）在发出“下降”音响时，可分别与“吊钩下降”、“降臂”、“缩臂”、“释放”手势或旗语相配合。

（3）在发出“微动”音响时，可分别与“吊钩微微上升”、“吊钩微微下降”、“吊钩水平微微移动”、“微微升臂”、“微微降臂”手势或旗语相配合。

（4）在发出“紧急停止”音响时，可与“紧急停止”手势或旗语相配合。

（5）在发出音响信号时，均可与上述未规定的手势或旗语相配合。

（二）指挥人员与司机之间的配合

（1）指挥人员发出“预备”信号时，要目视司机，司机接到信号在开始工作前，应回答“明白”信号。当指挥人员听到回答信号后，方可进行指挥。

（2）指挥人员在发出“要主钩”、“要副钩”、“微动范围”手势或旗语时，要目视司机，同时可发出“预备”音响信号，司机接到信号后，要准确操作。

（3）指挥人员在发出“工作结束”的手势或旗语时，要目视司机，同时可发出“停止”音响信号，司机接到信号后，应回答“明白”信号方可离开岗位。

（4）指挥人员对起重机械要求微微移动时，可根据需要，重复给出信号。司机应按信号要求，缓慢平稳操纵设备。除此之外，如无特殊要求（如船用起重机专用手势信号），其他指挥信号，指挥人员都应一次性给出。司机在接到下一个信号前，必须按原指挥信号要求操纵设备。

五、对指挥人员和司机的基本要求

（一）对使用信号的基本规定

（1）指挥人员使用手势信号均以本人的手心、手指或手臂表示吊钩、臂杆和机械位移的运行方向。

（2）指挥人员使用旗语信号均以指挥旗的旗头表示吊钩、臂杆和机械位移的运行方向。

（3）在同时指挥臂杆和吊钩时，指挥人员必须分别用左手指挥臂杆，右手指挥吊钩。当持旗指挥时，一般左手持红旗指挥臂杆，右手持绿旗指挥吊钩。

（4）当两台或两台以上起重机同时在距离接近的工作区域内工作时，指挥人员使用音响信号的音调应有明显区别，并要配合手势或旗语指挥，严禁单独使用相同音调的音响指挥。

（5）当两台或两台以上起重机同时在距离较近的工作区域内工作时，司机发出的音响应有明显区别。

（6）指挥人员用“起重吊运指挥语言”指挥时，应讲普通话。

（二）指挥人员的职责及其要求

（1）指挥人员应根据相关标准的信号要求与起重机司机进行联系。

（2）指挥人员发出的指挥信号必须清晰、准确。

（3）指挥人员应站在使司机能看清指挥信号的安全位置上。当跟随负载运行指挥时，应随时指挥负载避开人员和障碍物。

（4）指挥人员不能同时看清司机和负载时，必须增设中间指挥人员以便逐级传递信号，当发现错传信号时，应立即发出停止信号。

（5）负载降落前，指挥人员必须确认降落区域安全时，方可发出降落信号。

（6）当多人绑挂同一负载时，起吊前，应先作好呼唤应答，确认绑挂无误后，方可由一人负责指挥。

（7）同时用两台起重机吊运同一负载时，指挥人员应双手分别指挥各台起重机，以确保同步吊运。

（8）在开始起吊负载时，应先用“微动”信号指挥，待负载离开地面 100～200 mm 稳妥后，再用正常速度指挥。必要时，在负载降落前，也应使用“微动”信号指挥。

（9）指挥人员应佩戴鲜明的标志，如标有“指挥”字样的臂章，特殊颜色的安全帽、工作服等。

（10）指挥人员所戴手套的手心和手背要易于辨别。

（三）起重机司机的职责及其要求

（1）司机必须听从指挥人员指挥，当指挥信号不明时，司机应发出“重复”信号询问，明确指挥意图后，方可开车。

（2）司机必须熟练掌握相关标准规定的通用手势信号和有关的各种指挥信号，并与指挥人员密切配合。

（3）当指挥人员所发信号违反相关标准的规定时，司机有权拒绝执行。

（4）司机在开车前必须鸣铃示警，必要时，在吊运过程中也要鸣铃，通知受负载威胁的地面人员撤离。

（5）在吊运过程中，司机对任何人发出的“紧急停止”信号都应服从。

六、管理方面的有关规定

（1）对起重机司机和指挥人员，必须由有关部门进行相关标准的安全技术培训，经考试合格，取得合格证后方能操作或指挥。

（2）音响信号是手势信号或旗语的辅助信号，使用单位可根据工作需要确定是否采用。

（3）指挥旗颜色为红、绿色。应采用不易褪色、不易产生褶皱的材料。其规格：面幅应为400 mm×500 mm，旗杆直径应为25 mm，旗杆长度应为500 mm。

第十章　塔式起重机事故案例分析

针对近年来在国内发生的塔式起重机安全事故，给人民群众的生命和财产造成了重大损失，中华人民共和国建设部、国家安全生产监督管理总局在 2007 年 7 月 3 日就有关事故情况通报如下：

1. 2007 年 5 月 4 日，四川省成都市凯丽滨江花园二期工程施工现场，施工人员在拆卸塔式起重机时，塔式起重机突然发生倒塌，造成 3 人死亡。该工程建设单位为成都和骏投资有限公司，施工单位为成都市第一建筑工程公司，监理单位为成都海诚监理有限公司。初步分析事故发生的主要原因是：塔式起重机拆卸作业未严格执行有关规程，违规作业，酿成事故。

2. 2007 年 6 月 5 日，河南省南阳市锦江公寓综合楼工地施工现场，塔式起重机在拆卸过程中突然发生倒塌，造成 7 人死亡。该工程建设单位为南阳市宏江房地产开发公司，施工总承包单位为河南天工建设集团有限公司，塔式起重机拆卸单位为南阳高新区恒大起重设备安装有限公司，监理单位为南阳市城建建设监理所。初步分析事故发生的主要原因是：塔式起重机拆卸单位不具备相应资质，施工前未进行技术交底，施工人员违规作业，监理单位未认真履行监理职责，酿成事故。

3. 2007年6月21日，重庆市万州工业园区内移民就业基地标准厂房C幢工地发生一起塔式起重机倒塌事故，造成4人死亡。该工程建设单位为重庆市农发产业发展有限公司，施工单位为重庆市澳泰建筑工程有限公司，监理单位为铁二院咨询监理公司。初步分析事故发生的主要原因是：塔式起重机安装单位不具备相应资质，塔式起重机未经检验检测就投入使用，且在塔式起重机顶升过程中，违规安排施工人员在塔式起重机下方作业，酿成事故。

为进一步加强建设工程安全生产工作，特别是建筑起重机械设备安全监管工作，防止类似事故的再次发生，提出以下要求：

（1）切实加强建筑起重机械设备的安全监管工作；

（2）认真落实相关主体的安全责任；

（3）进一步提高应急管理能力；

（4）认真查处违法违规行为。

案例一　某电厂工地塔式起重机倒塌倾覆事故

2018年年底，某电厂的在建车间工地，一台刚安装、未经安装告知、未进行专业安全检测的塔式起重机，在其使用中混凝土基础的承台失稳而掀起，承重桩被拔出和折断，塔式起重机整体倾翻倒塌。塔式起重机司机在空中从驾驶室中跌出坠落地面当场死亡。

导致这次事故的主要原因：塔式起重机基础承台面积太小，承台下的四根桩未能起到抗拔的作用。因此塔式起重机基础不能抵抗塔式起重机的吊载、风荷载、惯性力的组合而产生的倾翻力矩而倾翻。

案例二　某商住楼工地塔式起重机起重钢丝绳拉断事故

2018 年年底，某商住楼工地上的一台塔式起重机，在起重作业中，起重钢丝绳突然拉断，起吊物坠落地面反弹，碰伤 1 名路过行人。

根据事故调查：从钢丝绳被拉断的变形状态可见，钢丝绳陷入滑轮外缘与滑轮支架的间隙中，相当一段长度被挤压拉断而发生事故；起重卷扬机卷筒上的钢丝绳排列交错；工地现场管理人员提供的情况，这台塔式起重机的起重钢丝绳刚更换不久。

事故原因分析：

（1）滑轮没有设钢丝绳防脱装置。

（2）更换起重钢丝绳时，没有充分释放钢丝绳的残余应力，以致钢丝绳在使用中出现“扭结”现象。

（3）塔式起重机司机在起吊作业时，对起吊物空中打转的状态未采取适当的措施，错误地继续作提升操作，导致钢丝绳“跳槽”。

案例三　某工地塔式起重机超载起吊起重臂变形事故

2019 年年初，某工地一台塔式起重机，一名电工为满足一家撤离现场的施工队搬运桩机的要求，擅自对塔式起重机的力矩限制器进行调整，用 QTZ80 型的塔式起重机在工作幅度 35 m 处起吊重量 4 t 的桩机，导致超载造成起重臂发生塑性变形。

该塔式起重机的型号是 QTZ80，臂长 55 m，安装高度 24 m，发生事故时起重的工作幅度 35 m（额定起重量为 2.6 t），起重试吊瞬间在吊点位置发生上弦杆变形。

事故原因分析：（1）电工违规擅自对塔式起重机的力矩限制器调整。（2）司机违规超重量起吊。

案例四　某高校工地安装塔式起重机时发生平衡臂坠落事故

2019 年 7 月初，某高校建筑工地，一台正在安装的 QTZ63 型塔式起重机，通过汽车吊辅助安装了 10 m 塔身、回转机构、回转塔身、塔帽和平衡臂，并装上第一块平衡块后，塔帽与塔身分离，塔帽和拉杆坠地，导致平衡臂作 90°坠落倾翻，造成 2 名安装工人死亡，1 名安装工人重伤。

事故原因分析：塔式起重机由无资质的单位安装，施工现场无人监管，塔帽与过渡节应使用 M28 的高强度螺栓连接，但他们却使用 M22 未经过调质处理的一般螺栓连接，由于塔帽和回转塔身的套柱内孔与螺栓存在较大的空隙和螺栓的强度不足，导致平衡臂装上第一块平衡块后，8 根连接螺栓弯曲、断裂，塔帽与塔身分离、坠落。

附录一　建筑起重信号司索工安全技术考核大纲（试行）（摘录）*

4.1　安全技术理论

4.1.1　安全生产基本知识

1 了解建筑安全生产法律法规和规章制度

2 熟悉有关特种作业人员的管理制度

3 掌握从业人员的权利义务和法律责任

4 熟悉高处作业安全知识

5 掌握安全防护用品的使用

6 熟悉安全标志、安全色的基本知识

7 了解现场急救知识

8 熟悉施工现场安全用电基本知识

4.1.2　专业基础知识

1 熟悉力学基础知识

2 了解机械基础知识

3 了解液压传动知识

---

* 本资料来自《建筑施工特种作业人员安全技术考核大纲（试行）》节录。

4.1.3　专业技术理论

1 了解常用起重机械的分类、主要技术参数、基本构造及其工作原理

2 熟悉物体的重量和重心的计算、物体的稳定性等知识

3 掌握起重吊点的选择和物体绑扎、吊装等基本知识

4 掌握吊装索具、吊具等的选择、安全使用方法、维护保养和报废标准

5 熟悉两台或多台起重机械联合作业的安全理论知识和负荷分配方法

6 掌握起重信号司索作业的安全技术操作规程

7 了解起重信号司索作业常见事故原因及处置方法

8 掌握《起重吊运指挥信号》（GB 5082）的内容

4.2　安全操作技能

4.2.1　掌握起重指挥信号的运用

4.2.2　掌握正确装置绳卡的基本要领和滑轮穿绕的操作技能

4.2.3　掌握常用绳结的编打方法并说明其应用场合

4.2.4　掌握钢丝绳、卸扣、吊环、绳卡等起重索具、吊具，以及常用起重机具的识别判断能力

4.2.5　掌握钢丝绳、吊钩报废标准

4.2.6　掌握钢丝绳、卸扣、吊链的破断拉力、允许拉力的计算

4.2.7　掌握常见基本形状物体的重量估算能力，并能判断出物体的重心，合理选择吊点

附录二　建筑起重信号司索工安全操作技能考核标准（试行）（摘录）

4.1　起重吊运指挥信号的运用

4.1.1　考核器具

1 起重吊运指挥信号用红、绿色旗 1 套，指挥用哨子 1 只，计时器 1 个；

2 个人安全防护用品。

4.1.2　考核方法

在考评人员的指挥下，考生分别使用音响信号与手势信号配合、音响信号与旗语信号配合，各完成《起重吊运指挥信号》（GB 5082）中规定的 5 个指挥信号动作。

4.1.3　考核时间：10 min。具体可根据实际模拟情况调整。

4.1.4　考核评分标准

满分 30 分。按标准完成一个动作得 3 分。

4.2　装置绳卡

4.2.1　考核器具

1 三种不同规格钢丝绳（每种钢丝绳长度为 3～4 m）；

2 不同规格的绳卡各 5 只；

3 其他器具：扳手 2 把、计时器 1 个；

4 个人安全防护用品。

4.2.2 考核方法

由考生装置一组钢丝绳绳卡。

4.2.3 考核时间：10 min。

4.2.4 考核评分标准

满分 10 分。绳卡规格与钢丝绳不匹配的（或者绳卡数量不符合要求、绳卡设置方向错误的），不得分。螺栓扣紧度、绳卡间距、安全弯（绳头）设置不符合要求的，每项扣 2 分。

4.3 穿绕滑轮组

4.3.1 考核器具

1 滑轮组 2 副，长度为 4 m 的麻绳（或化学纤维绳）2 根，计时器 1 个；

2 个人安全防护用品。

4.3.2 考核方法

由考生分别采用顺穿法和花穿法各穿绕一副滑轮组。

4.3.3 考核时间：5 min。

4.3.4 考核评分标准

满分 10 分。在规定时间内穿绕正确、规范的，每副得 5 分；穿绕基本正确，但不规范的，每副得 2 分。

4.4 编打绳结

4.4.1 考核器具

1 长度 1 m 的麻绳（或化学纤维绳）若干段；

2 其他器具：计时器 1 个。

4.4.2　考核方法

由考生编打两种绳结，并说明其应用场合。

4.4.3　考核时间：5 min。

4.4.4　考核评分标准

满分 10 分。在规定时间内编打正确，并正确说明其应用场合的，每种得 5 分；编打正确，但不能正确说明其应用场合的，每种得 3 分；编打错误，但能够正确说明其应用场合的，每种得 2 分。

4.5　起重吊具、索具和机具的识别判断

4.5.1　考核器具

1 不同规格的钢丝绳若干；

2 卸扣、绳卡、千斤顶、倒链滑车、绞磨、手扳葫芦、电动葫芦等起重吊、索具和机具实物或图示、影像资料；

3 其他器具：计时器 1 个。

4.5.2　考核方法

1 随机抽取 2 根不同规格的钢丝绳，由考生判断钢丝绳的规格；

2 从起重吊、索具和机具实物或图示、影像资料中随机抽取 5 种，由考生识别并说明其名称。

4.5.3　考核时间：10 min。

4.5.4　考核评分标准

满分 10 分。在规定时间内正确判断一种规格钢丝绳，得 2.5 分；在规定时间内正确识别一种起重吊具、索具和机具的，得 1 分。

4.6 钢丝绳、卸扣、绳卡和吊钩的判废

4.6.1 考核器具

1 钢丝绳、卸扣、绳卡、吊钩等实物或图示、影像资料（包括达到报废标准和有缺陷的）；

2 其他器具：计时器 1 个。

4.6.2 考核方法

从钢丝绳、卸扣、吊钩、绳卡实物或图示、影像资料中随机抽取 4 件（张），由考生判断其是否达到报废标准或有缺陷，并说明原因。

4.6.3 考核时间：8 min。

4.6.4 考核评分标准

满分 10 分。在规定时间内正确判断并说明原因的，每项得 2.5 分；判断正确但不能准确说明原因的，每项得 1 分。

4.7 重量估算

4.7.1 考核器具

1 各种规格钢丝绳、麻绳若干；

2 钢构件（管、线、板、型材组成的简单构件）实物或图示、影像资料；

3 其他器具：计时器 1 个；

4 个人安全防护用品。

4.7.2 考核方法

1 从各种规格钢丝绳、麻绳中随机分别抽取一种规格的钢丝绳和麻绳，由考生分别计算钢丝绳、麻绳的破断拉力、允许拉力；

2 随机抽取两种钢构件实物或图示、影像资料，由考生估算

其重量，并判断其重心位置。

4.7.3　考核时间：10 min。具体可根据实际考核情况调整。

4.7.4　考核评分标准

满分 20 分，考核评分标准见表 4.7。

表 4.7　考核评分标准

序号	扣分项目	扣分值
1	钢丝绳、麻绳破断拉力计算错误的，每项扣 2.5 分	5
2	钢丝绳、麻绳允许拉力计算错误的，每项扣 2.5 分	5
3	钢材估算重量误差超过±10%的，每项扣 2.5 分	5
4	未能正确判定其重心位置的，每项扣 2.5 分	5
合计		20

附录三　钢丝绳报废标准（附图）

附图 3-1～附图 3-20 展示了每种缺陷的典型事例。当钢丝绳可能出现附图 3-1～附图 3-20 的缺陷，应报废。

附图 3-1　钢丝挤出

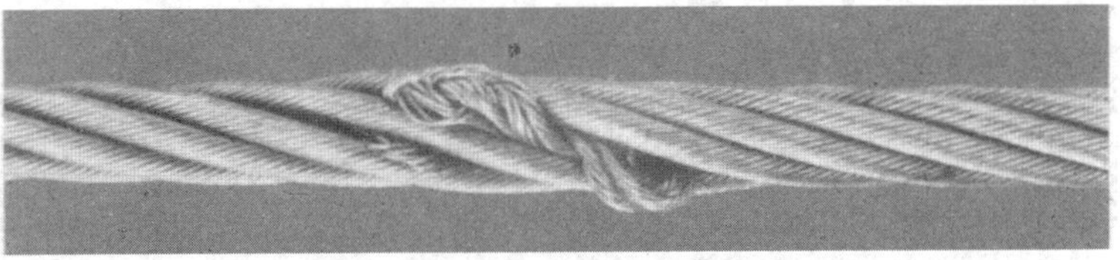

附图 3-2　单层股钢丝绳绳芯挤出

附图 3-3　钢丝绳直径局部减小（绳股凹陷）

附图 3-4　绳股挤出/扭曲

附图 3-5　局部压扁

附图 3-6　扭结（正向）

附图 3-7　扭结（逆向）

附图 3-8　波浪形

附图 3-9　笼状畸变

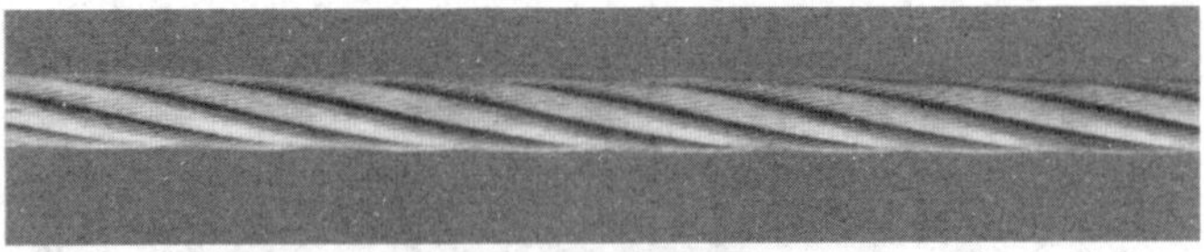

附图 3-10　外部磨损

附图 3-11　外部磨损放大图

附图 3-12　外部腐蚀

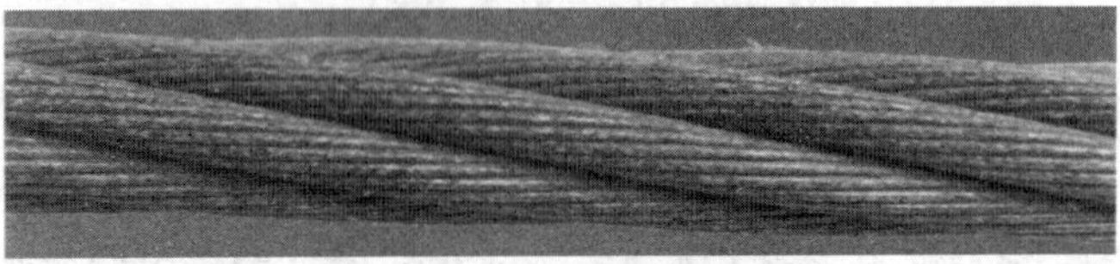

附图 3-13　外部腐蚀放大图

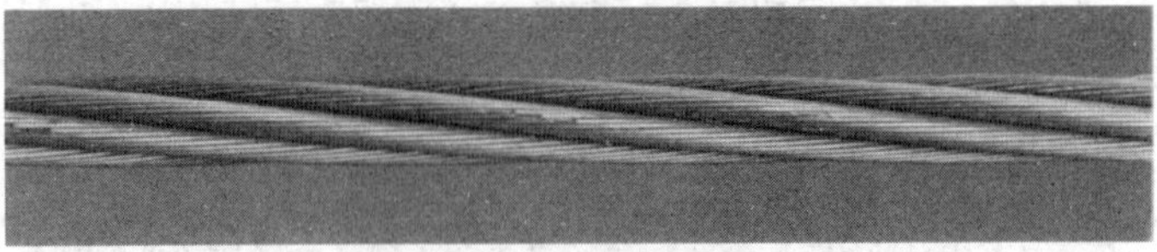

附图 3-14　表面断丝

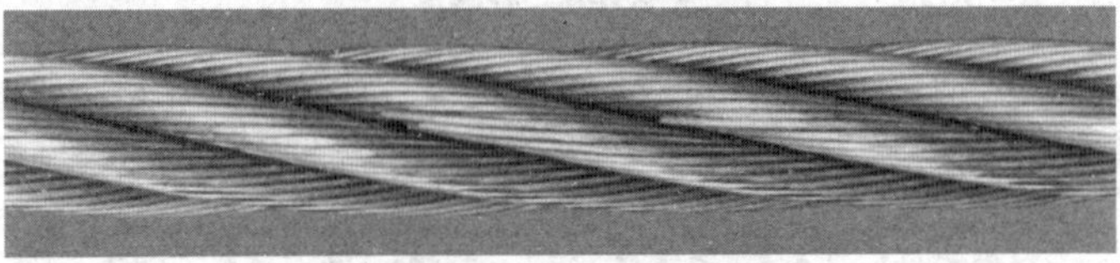

附图 3-15　谷部断丝

附图 3-16　阻旋钢丝绳内部的绳股突出

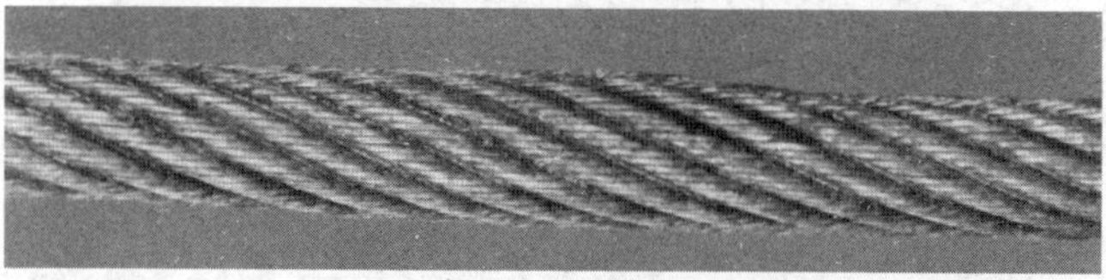

附图 3-17　由于绳芯扭曲变形使局部的钢丝绳直径增大

附图 3-18　扭结

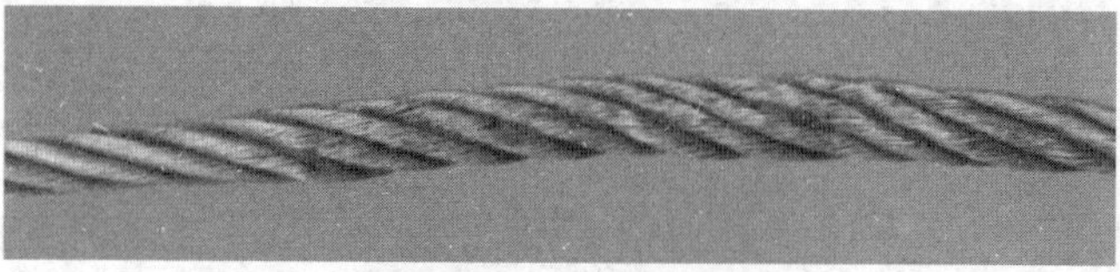

附图 3-19　局部压扁

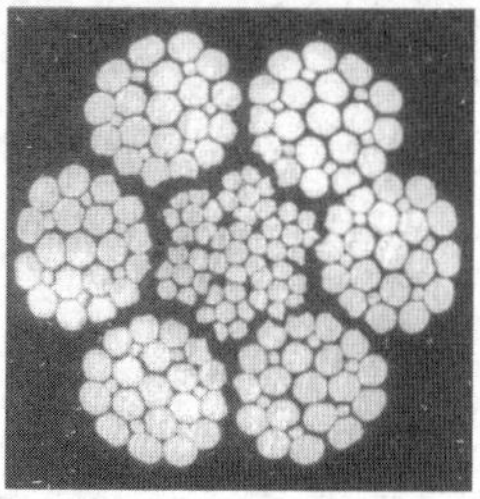

附图 3-20　内部腐蚀

特种作业安全生产基本知识

建筑电工

建筑架子工

建筑起重信号司索工

塔式起重机司机

施工升降机司机

物料提升机司机

塔式起重机安装拆卸工

施工升降机安装拆卸工

物料提升机安装拆卸工

高处作业吊篮安装拆卸工

中国环境出版集团

中国环境出版集团
天 猫 旗 舰 店

ISBN 978-7-5111-4956-5

9 787511 149565 >

定价：22.00元